ro
ro
ro

Es gibt Abermillionen mathematischer Sätze. Als Kriterium für ihre Beurteilung wird immer wieder auch ihre «Schönheit» angeführt. Wer hätte gedacht, daß es in der Welt der Zahlen einen Laufsteg gibt, und welche mathematischen Sätze werden als die zehn schönsten angesehen?

Mathematiker sind sich keineswegs über die objektiven Kriterien von Schönheit in ihrem Fach einig. Sicher scheint jedoch zu sein, daß Schönheit eng mit der Einfachheit mathematischer Theoreme zusammenhängt.

Vor einigen Jahren machte die Zeitschrift *The Mathematical Intelligencer* eine Umfrage, um eine Bestenliste – die «Top Ten» – zu ermitteln. Im vorliegenden Buch werden diese Top Ten um ein paar weitere Sätze ergänzt, erläutert und das jeweilige sie umgebende mathematische Gebiet kurz skizziert. So vorbereitet, bleibt es dem Leser überlassen, seine eigenen Favoriten auszuwählen.

Pierre Basieux studierte Mathematik, Physik, Philosophie, promovierte mit einem Thema aus dem Bereich Operations Research und Spieltheorie und war einige Jahre als Gymnasiallehrer tätig. In den achtziger Jahren war er bei einem multinationalen Konzern in leitender Position für Planung, Steuerung und Logistik verantwortlich. Seit 1990 arbeitet er als selbständiger Unternehmensberater. Zahlreiche Buchveröffentlichungen, darunter das Standardwerk «Roulette: Die Zähmung des Zufalls» (4. Auflage, München 1996). In der *science*-Reihe erschienen seine Bücher «Die Welt als Roulette: Denken in Erwartungen» (rororo Nr. 9707) und «Abenteuer Mathematik: Brücken zwischen Wirklichkeit und Fiktion» (rororo Nr. 60178).

Pierre Basieux

Die Top Ten der schönsten mathematischen Sätze

Rowohlt Taschenbuch Verlag

Lektorat Angelika Mette

Originalausgabe
Veröffentlicht im Rowohlt Taschenbuch Verlag GmbH,
Reinbek bei Hamburg, Januar 2000
Copyright © 2000 by Rowohlt Taschenbuch Verlag GmbH,
Reinbek bei Hamburg
Redaktion Imke Hoffmann
Umschlaggestaltung Barbara Hanke
Foto: The Image Bank
Satz aus der Garamond und Syntax PostScript (PageOne)
Gesamtherstellung Clausen & Bosse, Leck
Printed in Germany
ISBN 3 499 60883 9

Inhalt

Was sind «schöne» mathematische Sätze?

Ein Philosoph ist jemand, der in einem vollkommen dunklen Raum eine schwarze Katze zu fangen versucht, die gar nicht dort ist. So lautet eine überspitzte Charakterisierung einer Spezies von Denkern, die vorgibt, die realen und fiktiven Erscheinungen der Welt erklären zu können. Gewöhnlich hinkt sie dabei der Naturwissenschaft um Jahrzehnte hinterher.

In ziemlich genau der gleichen Ausgangslage befindet sich ein Mathematiker. Allerdings fängt er am Ende die schwarze Katze, zumindest ab und zu, und ist seiner Zeit und sogar der Naturwissenschaft oft um Jahrzehnte voraus – obwohl er gar nicht den Anspruch erhebt, uns die Erscheinungen der Welt zu erklären.

Erkenntnisgrund und Seinsgrund

«Wo das Rechnen anfängt, hört das Verstehen auf.» Das war Arthur Schopenhauers Erfahrung mit der Mathematik, an der er kein gutes Haar ließ. In ihren «hinterlistigen» Beweisen vermißte er die Anschaulichkeit und kritisierte vor allem das Arbeiten mit Konstruktionen, etwa den Hilfslinien beim Pythagoreischen Lehrsatz, die seiner Ansicht nach «vom Himmel» fallen, ohne zwingenden Grund, warum gerade diese und keine anderen Linien verwendet werden. Für Schopenhauer vermittelt ein solcher Beweis nur den *Erkenntnisgrund*, nämlich daß etwas so ist, nicht aber den *Seinsgrund*, warum es so ist.

Auch Mathematiker oder Naturwissenschaftler können mit einem Beweis unzufrieden sein, was sie dann aber als Herausforderung verstehen, einen besseren zu finden. (Für den Schüler Albert Einstein war der klassische Beweis des Pythagoreischen Lehrsatzes unnötig kompliziert, deshalb ersann er kurzerhand einen einfacheren; siehe Baptist 1997.)

In vielen Fällen sind die Argumentationsketten für den Laien tatsächlich nicht leicht verständlich. Der Leser möge sich trösten: Auch ein Berufsmathematiker kann sie nicht immer einfach nachvollziehen. Oft muß er sich gehörig anstrengen, um einen für ihn neuen Beweis würdigen zu können, denn der Urheber eines Beweises verhält sich wie ein Architekt, der sein fertiges Gebäude der Öffentlichkeit vorstellt: Das Werk glänzt, aber es ist ihm nicht anzusehen, wie es im Detail konstruiert wurde. Längst sind die Hilfskonstruktionen und das Baugerüst wieder abmontiert und verschwunden. Erinnert das nicht an die ägyptischen Pyramiden? Bei einigen weiß man bis heute nicht mit Sicherheit, wie sie genau gebaut wurden – aber sie stehen.

Was ist und wie entsteht ein Theorem?

Was ist ein *mathematischer Satz*, auch *Theorem* genannt? Zunächst handelt es sich um eine *Aussage* (oder *Behauptung*), das heißt eine «sprachlich gefaßte Meinung», und im weiteren um jede Zusammenstellung von Zeichen, die einen Sinn ergeben. Das Ganze muß noch die Eigenschaft haben, entweder (logisch) wahr oder falsch zu sein, aber nicht beides zugleich. *Wahr* ist ein mathematischer Satz, wenn er logisch korrekt aus anderen wahren Sätzen mit Hilfe (logischer) Deduktions- oder Beweisregeln abgeleitet werden kann. Selbstverständlich sind wir in erster Linie an *wahren* Aussagen interessiert. Davon gibt es Abermillionen.

Da die vollständige Deduktionskette für den Beweis eines Theorems stets unendlich lang wäre, muß das Ableiten von Sätzen irgendwo beginnen. Jeder mathematischen Theorie liegt ein Fundament zugrunde, das aus streng definierten Begriffen, Operationen und grundlegenden Lehrsätzen besteht, die den Ausgangspunkt der Theorie bilden und ihr *Axiomensystem* darstellen. Jedes *Axiom* (Synonym: *Postulat*) wird dabei als gültige Grundaussage angesehen, die man nicht weiter beweisen muß.

Die Entwicklung einer mathematischen Theorie wird dann zu einem überaus kreativen Science-fiction-Spiel, das darin besteht, aus dem axiomatischen Fundament immer weitere Theoreme abzuleiten, die man wiederum als Ausgangspunkte für weitere Herleitungen benutzen kann. Der Motor der Entwicklung sind die laufend auftauchenden Fragen.

Was bestimmt die Schönheit von Sätzen?

Während die Wirklichkeit einfach nur existiert, muß eine mathematische Fiktion zusätzlich einen Sinn haben. Als ein wichtiges Kriterium zur Beurteilung mathematischer Sätze wird immer wieder ihre «Schönheit» angeführt. Kann Schönheit Sinn mathematischer Fiktion sein?

Der berühmte englische Mathematiker Godfrey Harold Hardy vertrat dezidiert die Meinung, nicht die Anwendbarkeit, sondern die Schönheit sei der eigentliche Maßstab für die Mathematik. In seiner Autobiographie «A Mathematician's Apology» schreibt er: «Ein Mathematiker schafft, ähnlich wie ein Maler oder Dichter, Strukturen und Muster *(patterns)* … und die müssen, so wie die der Maler und Dichter, schön sein.»

Warum begründen Mathematiker ihr Tun mit ästhetischen Kategorien? In anderen Bereichen, wie zum Beispiel im Sport, gibt es eindeutige und einfach zu überprüfende Erfolgskriterien. Hier kann man zwar auch von Schönheit sprechen, aber die besten Sportler sind nicht die, die sich ästhetisch in Szene setzen, sondern diejenigen, die Erfolg haben. Keinem Fußballverein nützt es irgend etwas, ballettartig über den Rasen zu schweben, wenn nur der Gegner unaufhörlich Tore schießt, und sei deren Zustandekommen noch so unästhetisch.

Man kann die Mathematik natürlich auch mit ihrer Nützlichkeit, ihrer Verbindung mit anderen Theorien usw. begründen. Mathematische Sätze lassen sich zwar damit rechtfertigen, daß auf ihre Wahrheit oder, bescheidener gesagt, ihre formale Korrektheit verwiesen wird, aber das allein macht ein mathematisches Ergebnis weder wichtig noch interessant. Stellen Sie sich vor, die Mathematiker würden nur endlose Zahlenwerke veröffentlichen, zum Beispiel algebraische Verknüpfungstafeln oder Funktionstabellen: Die Ergebnisse wären zwar richtig und leichter zu verifizieren als die üblichen mathematischen Sätze, gleichzeitig aber auch todlangweilig.

Wenn man Mathematiker fragt, weshalb sie einen Satz oder einen Beweis für bedeutend halten, antworten sie früher oder später mit ästhetischen Kategorien, indem sie Attribute wie *schön* oder *elegant* verwenden. Dabei haben Mathematiker keineswegs eine einhellige Meinung darüber, was Schönheit in ihrem Fach ist. (Einigen von ihnen mögen ihre eigenen Sätze schön erscheinen, während sie diejenigen ihrer Kollegen bestenfalls merkwürdig finden.)

In der Mathematik scheint Schönheit eng mit Einfachheit zusammenzuhängen. Manche identifizieren diese Begriffe sogar miteinander: *Schönheit ist gleich Einfachheit*. Da sich die meisten Aussagen der Mathematik auf unendlich viele Objekte beziehen, denen also prinzipiell nicht mit Einzelfallstudien beizukommen ist, erweist sich die Reduktion auf Einfaches als notwendig. Gelingt es nicht, ein Problem einfach und überschaubar zu beschreiben, hat man überhaupt keine Chance.

Der bekannte englische Mathematiker Roger Penrose ist der Meinung, in der Mathematik sei Einfachheit nicht als solche schön, sondern vor allem wenn sie unerwartet und überraschend auftrete. Wie bei der Spannung in einem guten Krimi stellt sich ein Problem, das zunächst nicht allzu schwierig aussieht. Die Überlegungen zur Lösung werden komplizierter, keiner blickt mehr durch, man will schon aufgeben – da, plötzlich, durch den richtigen Blick, einen überraschenden Einfall, wird alles ganz einfach.

Der Schönheitswettbewerb

Letztlich können aber auch die Mathematiker die Frage «Was ist schön?» nicht objektiv entscheiden. Über Geschmacksfragen läßt sich eben besser streiten als über intransigente logische Deduktionen.

Vor etwa zehn Jahren bat die Zeitschrift «The Mathematical Intelligencer» ihre Leser, unter 24 Vorschlägen die schönsten mathematischen Sätze zu nominieren. Dabei sollte es weder um die Qualität der Beweise gehen noch um die Anwendbarkeit der Sätze, sondern allein um ihre Schönheit. 1990 brachte die Umfrage die folgenden «Top Ten» hervor (ich gehe auf die Details später ein):

1. $e^{i\pi} = -1$

Dabei ist e ($\approx$ 2,718) die Eulersche Zahl, i die imaginäre Einheit (mit $i^2 = -1$, also $i = \sqrt{-1}$) und π ($\approx$ 3,141; «Pi»), die bekannte Kreiszahl. In der Form $e^{i\pi} + 1 = 0$ geschrieben, kommen darin die wichtigsten Konstanten der gesamten Analysis vor: 0, 1, e, π und i.

2. Die Eulersche Polyederformel: E – K + F = 2

E bezeichnet die Anzahl der Ecken, K die Anzahl der Kanten und F die Anzahl der Flächen eines konvexen Polyeders.

3. Es gibt unendlich viele Primzahlen.

Das bedeutet, daß es keine größte Primzahl gibt, sondern daß die Folge der Primzahlen nie abbricht.

4. Es gibt nur fünf reguläre Polyeder – «platonische Körper» genannt.

Ein regulärer Körper ist ein konvexes Polyeder, dessen Seiten reguläre n-Ecke sind. An jeder Ecke kommen gleich viele Seiten zusammen.

5. $\dfrac{1}{1^2} + \dfrac{1}{2^2} + \dfrac{1}{3^2} + \dfrac{1}{4^2} + \dots = \dfrac{\pi^2}{6}$

Wie die linke Seite der Gleichung offenbart, zeigt die Zahl π, die in ihrer Dezimalbruchentwicklung außerordentlich unregelmäßig erscheint, hier ein sehr regelmäßiges Gesicht.

6. Jede stetige Abbildung der abgeschlossenen Einheitskreisscheibe in sich hat einen Fixpunkt.

Ein Fixpunkt ist ein Punkt, der durch die Abbildung nicht verändert wird.

7. Es gibt keine rationale Zahl, deren Quadrat gleich 2 ist (das heißt, $\sqrt{2}$ ist irrational).

Mit anderen Worten: Es gibt keine natürlichen Zahlen m und n, so daß $m/_n = \sqrt{2}$ ist.

8. Pi (π) ist transzendent.
Das bedeutet, daß es kein Polynom mit rationalen Koeffizienten gibt, das die Kreiszahl π als Nullstelle hat.

9. Jede *ebene* Landkarte kann mit (höchstens) vier Farben gefärbt werden.
Dabei gilt die Bedingung, daß je zwei Länder, die ein Stück Grenze gemeinsam haben, verschieden gefärbt sind.

10. Jede Primzahl p der Form p = 4n + 1 kann auf eindeutige Weise als Summe zweier Quadratzahlen geschrieben werden.
Für jede Primzahl p der Form 4n + 1 gibt es genau ein Paar (a, b) natürlicher Zahlen, so daß $p = a^2 + b^2$ gilt.

Eine heutige Umfrage würde den letzten Fermatschen Satz, der damals noch eine Vermutung war und erst 1995 endgültig bewiesen wurde, höchstwahrscheinlich *vor* dem Vierfarbensatz rangieren lassen.

Ich werde diese Top Ten daher in anderer Reihenfolge bringen und um weitere Sätze ergänzen, die ebenfalls als schön empfunden werden – ganz subjektiv. Wählen Sie Ihre ganz persönlichen Favoriten aus. Seien Sie aber nicht verwundert, daß die meisten der schönsten Sätze in keinem Lehrplan der Schulen und Gymnasien stehen.

Ich habe diesen Essay auch als eine Ergänzung zu «Abenteuer Mathematik» (rororo science 1999) konzipiert, um punktuell und detaillierter auf Aspekte eingehen zu können (zum Beispiel auf die komplexen Zahlen, die platonischen Körper, auf Folgen und Reihen), die dort wegen der Darstellung globalerer mathematischer Gebiete zu kurz kamen. Elementare Dinge, wie die Regeln des logischen Schließens, wiederhole ich nicht. Sie können sie in «Abenteuer Mathematik» oder in fast jeder anderen einführenden Darstellung über Logik und Mathematik nachlesen.

Jeder Satz ist Mittelpunkt eines kleinen Abschnitts. Dabei verweise ich auch mal auf kniffligere Gedankengänge, verwandte Sätze oder sogar Formeln, die Sie entweder langsamer und konzentrierter lesen oder aber ruhig überspringen können, ohne auf das Verständnis der wesentlichen Aussagen verzichten zu müssen. Jedenfalls gibt es keinen Grund, vor ein paar leichten Berechnungen zurückzuschrecken. Sie müssen sie ja nicht durchführen, das mache ich gerne für Sie. Eingerückte Textpassagen wenden sich an Geübtere oder Unerschrockene.

Manchmal gebe ich einen Beweis an. Das ist jedoch die Ausnahme. Man denke nur daran, daß für den Beweis des Vierfarbensatzes ursprünglich 1200 Stunden Computer-Rechenzeit benötigt wurden oder daß der kompakte Beweis des letzten Fermatschen Satzes etwa den gleichen Umfang ausmacht wie dieses Bändchen und nur von Spezialisten eine Chance hat schrittweise verstanden zu werden.

Schließlich versuche ich, die Mathematik der schönsten Sätze niemals als eine reine Methode der formalen Logik darzustellen, wie dies Bertrand Russell und Alfred N. Whitehead in ihrem legendären Werk «Principia Mathematica» taten: Für den Beweis des (durchaus schönen) Satzes $1 + 1 = 2$, der sich bereits in Kindergärten großer Beliebtheit erfreut, benötigen sie dort mehr als 360 Seiten.

Unendlich viele Elementarbausteine

Die natürlichen Zahlen 1, 2, 3 und so fort bilden die grundlegendste Menge in der Mathematik, speziell in der Zahlentheorie. Einerseits sind sie naturgegeben, bezeichnen sie doch die einfachsten Anzahleigenschaften von Dingen der Wirklichkeit. Andererseits verkörpern sie bereits ein Abstraktum: Drei Äpfel sind offenbar etwas anderes als die Zahl 3. Durch die Zuordnung «drei Äpfel → 3», eine *gerichtete gedankliche Assoziation*, die der Menge der drei Äpfel eindeutig die natürliche Zahl 3 zuordnet, wird eine Brücke zwischen *konkret* und *abstrakt* geschlagen.

Betrachten wir die natürlichen Zahlen sowie die vier Grundrechenarten einfach als gegeben. Natürliche Zahlen, die sich ohne Rest durch bestimmte andere Zahlen *(Faktoren)* teilen lassen, heißen (aus diesen Faktoren) *zusammengesetzt* oder (in diese Faktoren) *zerlegbar*. Natürliche Zahlen, die sich durch *keine* natürliche Zahl (außer durch sich selbst und die Eins) ohne Rest teilen lassen, werden *Primzahlen* genannt. Die Zahl 1 gilt weder als prim noch als zusammengesetzt. Mit Ausnahme der Eins also ist eine natürliche Zahl stets entweder prim oder aus Primzahlen – multiplikativ – zusammengesetzt. Die Folge der Primzahlen beginnt mit 2, 3, 5, 7, 11, 13, 17, 19, 23, … Sie steht im Mittelpunkt der elementaren Zahlentheorie, deren primäres Anliegen die Untersuchung der Teilbarkeit der natürlichen Zahlen ist.

Übliche Notationen kurz erläutert

Mengen, Operationen und Beziehungen erhalten symbolische Abkürzungen. Im Prinzip könnte zwar immer alles ausgeschrieben werden; aber das wäre bald gänzlich unübersichtlich. Die Menge der natürlichen Zahlen wird gewöhnlich mit N abgekürzt. Es ist also

$$N = \{1, 2, 3, 4, 5, \ldots\} \text{ beziehungsweise}$$
$$N_0 = \{0, 1, 2, 3, 4, 5, \ldots\},$$

wenn wir die Null dazunehmen möchten.

Wollen wir zum Ausdruck bringen, eine Zahl n sei natürlich, dann schreiben wir

$$n \in N \text{ beziehungsweise } n \in N_0$$

und sagen: «n ist Element von N.» Zum Beispiel gilt $137 \in N$. Da jedoch $1/_2$ (oder 0,5) keine natürliche Zahl ist, schreiben wir «$1/_2 \notin N$» und sagen: «$1/_2$ ist *nicht* Element von N.»

Auch der Menge der Primzahlen können wir ein Symbol zuordnen, zum Beispiel P. Dann gilt $2 \in P$, aber $4 \notin P$.

Durch die Schreibweise

$$P \subset N$$

drücken wir aus, daß die Primzahlen eine *Teilmenge* der natürlichen Zahlen sind, das heißt, daß jede Primzahl p ($\in P$) auch in N enthalten ist: $p \in N$. Gleichwertig dazu bedeutet $N \supset P$, daß N, die Menge der natürlichen Zahlen, eine *Obermenge* aller Primzahlen P ist und letztere Menge somit enthält.

Wenn immer es zweckmäßig erscheint, werde ich weitere Notationen einführen.

Die Grundbausteine

Ähnlich wie die Elemente in der Chemie und die Elementarteilchen in der Physik stellen Primzahlen die Grundbausteine dar, aus denen die ganzen Zahlen zusammengefügt sind. In der Tat besitzt jede Zahl eine eindeutig bestimmte Menge von Primfaktoren. Beispielsweise ist die Zahl 504 das Produkt von sechs Primfaktoren, von denen einige mehrmals vorkommen:

$$504 = 2 \times 2 \times 2 \times 3 \times 3 \times 7 = 2^3 \times 3^2 \times 7$$

Der jeweilige Ausdruck auf der rechten Seite der Gleichheitszeichen wird die *Primfaktorzerlegung* der Zahl 504 genannt. Auch ist diese Zerlegung eindeutig: Es gibt keine andere Zahl, die aus genau diesen Primfaktoren zusammengesetzt ist. (Das ist der Inhalt des «Fundamentalsatzes der Arithmetik», der auf den griechischen Mathematiker Euklid zurückgeht.)

Eine naheliegende Frage wäre nun die folgende: Kann man alle zusammengesetzten natürlichen Zahlen aus endlich vielen Primzahlen – den multiplikativen Grundbausteinen – erzeugen?

Während den Chemikern nur etwas mehr als hundert «elementare Bausteine» zur Verfügung stehen, mit denen sie experimentieren können, müssen sich die Zahlentheoretiker mit einem unbegrenzten Vorrat an Primzahlen herumschlagen. Vor mehr als zweitausend Jahren nämlich hat Euklid bewiesen, daß es unendlich viele Primzahlen gibt – trotz des Umstands, daß es mit den Primzahlen so ist wie mit der Luft: Nach oben hin nimmt ihre Dichte ab. Außerdem ist ihre Verteilung recht unregelmäßig, und der Abstand zweier aufeinanderfolgender Primzahlen kann sogar beliebig groß werden.

Einfacher Beweis, daß der Abstand zwischen zwei aufeinanderfolgenden Primzahlen beliebig groß werden kann

Betrachten wir die Folge

$$n! + 2, n! + 3, n! + 4, \ldots, n! + n$$

Dabei ist n! (gelesen: n Fakultät) eine abkürzende Schreibweise für das Produkt aller Zahlen zwischen 1 und n:

$$n! = 1 \times 2 \times 3 \times \ldots \times (n-1) \times n$$

(Für Berechnungen wird zusätzlich 0! = 1 vereinbart.) Zum Beispiel hat n! für n = 6 den Wert 720, denn es ist

$$6! = 1 \times 2 \times 3 \times 4 \times 5 \times 6 = 720$$

Die zu Beginn genannte Folge beinhaltet alle aufeinanderfolgenden natürlichen Zahlen zwischen n! + 2 und n! + n.

Nun ist die Zahl n! + 2 immer durch 2 teilbar, da ja 2 ein Faktor von n! ist. Aus demselben Grund ist n! + 3 stets durch 3 teilbar usw. Schließlich ist auch n! + n durch n teilbar. Somit sind alle Zahlen der genannten Folge zusammengesetzt. (Wir haben die Folge *nicht* mit n! + 1 beginnen lassen, weil dies eine Primzahl sein könnte.)

Diese Folge aufeinanderfolgender natürlicher Zahlen, von denen keine einzige eine Primzahl ist, läßt sich aber beliebig verlängern: Dazu muß man n nur entsprechend groß wählen.

Zum Nachweis, daß es unendlich viele Primzahlen gibt, bedient sich Euklid eines indirekten Beweises, auch Widerspruchsbeweis genannt. Zur Anfangshypothese (das heißt zur Annahme, es gibt eine größte Primzahl) leitet er – logisch korrekt – einen Widerspruch her. Folglich kann die Annahme nicht stimmen. (Genau so funktioniert auch ein Alibi-Nachweis.)

Beweis des Euklid, daß es keine größte Primzahl gibt

Angenommen, es gäbe lediglich eine endliche Menge von Primzahlen. Deren größtes Element heiße p. Multipliziert man alle Primzahlen aus dieser endlichen Menge miteinander und addiert 1 hinzu, so ist das Resultat eine recht große neue Zahl, die wir N nennen wollen. Ihre Darstellung:

$$N = 2 \times 3 \times 5 \times 7 \times 11 \times \ldots \times p + 1$$

Nun trifft genau eine von zwei Möglichkeiten zu: Entweder N ist prim, oder N ist zusammengesetzt.

Die erste Möglichkeit widerspricht sofort der Annahme, p sei die größte Primzahl.

Aber auch die zweite Möglichkeit führt zu einem Widerspruch: Wenn wir versuchen, N der Reihe nach durch jede der Primzahlen 2 bis p zu teilen, dann verbleibt stets der Rest 1 (jene 1, die wir zu dem Produkt der Primzahlen addierten, um N zu erzeugen). N ist somit durch keine der Primzahlen 2 bis p teilbar. Folglich muß jeder Primfaktor der zusammengesetzten Zahl N größer sein als die größte Primzahl p, die zur Konstruktion von N verwendet wurde.

In beiden Fällen erhalten wir einen Widerspruch zur Annahme. Deshalb muß gefolgert werden, daß es keine größte Primzahl geben kann.

Machen mehrere Beweise Sinn?

Im Laufe der Zeit wurden weitere Beweise gesucht und gefunden. Macht das überhaupt einen Sinn? Ein einziger Beweis ist doch keine lose, wackelige Indizienfolge, sondern eine intransigente logische Argumentationskette, die wie ein Fels in der Brandung steht. Zwei oder mehr Beweise (nach dem Motto «Doppelt genäht hält besser») machen eine Aussage also nicht «wahrer».

Verschiedene Beweise machen aber durchaus Sinn. Dafür gibt es eine Menge guter Gründe. Man kann zum Beispiel versuchen, eine komplizierte Argumentation zu vereinfachen oder für ein Theorem der Algebra, das bislang vorwiegend mit Hilfe der Analysis (Differential- und Integralrechnung) bewiesen werden konnte, auch einen algebraischen Nachweis zu konstruieren. Dann kann man neue Begriffe und Konzepte erproben und hoffen, damit vielleicht sogar etwas mehr als die ursprüngliche Behauptung zu beweisen. Und nicht zuletzt geht es den Mathematikern darum, schwächere – allgemeinere – Voraussetzungen für die Sätze sowie sinnvolle Erweiterungen von ganzen Theorien zu finden.

Sehen wir uns einmal die Sprachelemente eines anderen, weniger «folkloristischen» Beweises für die Existenz unendlich vieler Primzahlen an, der Reihen verwendet. Da wir auf Reihen noch zurückgreifen werden, ist dies eine gute Gelegenheit, ein paar elementare Dinge über sie zu erfahren.

Was ist eine Reihe?

Eine unendliche Summe von indizierten (das heißt numerierten) reellen Zahlen a_i nennen wir eine *Reihe*. Wir schreiben:

$$a_1 + a_2 + a_3 + a_4 + a_5 + \dots$$

Statt der vielen + können wir $\Sum$ («sigma»), den griechischen Großbuchstaben für S, als Symbol für «Summe» verwenden:

$$\sum_{j=1}^{\infty} a_j \text{ oder manchmal noch kürzer } \sum a_j$$

Die Reihe

$$\sum_{j=1}^{\infty} \frac{1}{2^j} = \frac{1}{2^1} + \frac{1}{2^2} + \frac{1}{2^3} + \dots = \frac{1}{2} + \frac{1}{4} + \frac{1}{8} + \dots$$

ist *konvergent*, das heißt, die Folge ihrer Partialsummen

$$(s_1 = \sum_{j=1}^{1} \frac{1}{2^j}, s_2 = \sum_{j=1}^{2} \frac{1}{2^j}, s_3 = \sum_{j=1}^{3} \frac{1}{2^j}, \dots)$$

ist konvergent (liegt unterhalb einer reellen Schranke). Die Reihe hat also eine Summe (sie ist gleich 1). Entsprechend gilt:

$$\sum_{j=0}^{\infty} \frac{1}{2^j} = \frac{1}{2^0} + \frac{1}{2^1} + \frac{1}{2^2} + \dots =$$

$$1 + \frac{1}{2} + \frac{1}{4} + \dots = 2$$

Dies ist ein Spezialfall der bekannten geometrischen Reihe (mit $q < 1$):

$$\sum_{j=0}^{\infty} q^j = q^0 + q^1 + q^2 + \dots =$$

$$1 + q + q^2 + \dots = \frac{1}{1-q}$$

Es gibt aber auch Reihen, die nicht konvergent sind und die man *divergent* nennt: Für sie existiert die Summe nicht (das heißt, ihre Summe ist unendlich groß).

Ein berühmtes Beispiel einer divergenten Reihe ist die

«harmonische Reihe», deren Glieder die Kehrwerte der natürlichen Zahlen sind:

$$\sum_{n=1}^{\infty} \frac{1}{n} = \frac{1}{1} + \frac{1}{2} + \frac{1}{3} + \frac{1}{4} + \frac{1}{5} + \dots$$

Bei Mathematikern weckt nun die folgende Reihe besonderes Interesse, mit der Leonhard Euler bereits im 18. Jahrhundert gearbeitet hatte und deren Glieder die Kehrwerte der Primzahlen sind:

$$\sum_{p \text{ prim}} \frac{1}{p} = \frac{1}{2} + \frac{1}{3} + \frac{1}{5} + \frac{1}{7} + \frac{1}{11} + \dots$$

Durch Abschätzungen dieser Reihe kann nicht nur gezeigt werden, daß unendlich viele Glieder (das heißt auch Primzahlen) vorhanden sind, sondern darüber hinaus, daß sie *divergent* ist – ihre Summe ist unendlich. (Moderne Beweise solcher Aussagen findet der Leser in Aigner/Ziegler 1998.) Für geübtere oder unerschrockene Leser hier die Idee:

Beweisskizze (für die Existenz unendlich vieler Primzahlen) mittels Reihen

Euler ging aus von der geometrischen Reihe

$$\sum_{n=1}^{\infty} \frac{1}{p^n} = \frac{1}{1 - 1/p}$$

Bildet man das unendliche Produkt, wobei p die Menge der Primzahlen **P** durchlaufen muß, so ergibt sich nach Abschätzungen formal schließlich:

$$\prod_{p \text{ prim}} \frac{1}{1 - 1/p} = \sum_{n=1}^{\infty} \frac{1}{n}$$

Da die rechts stehende (harmonische) Reihe divergent ist, kann die Menge **P** der Primzahlen nicht endlich sein.

Anmerkung: Aus der Divergenz des Produktes folgt sogar diejenige von

$$\sum_{p \text{ prim}} \frac{1}{p}$$

(denn wie man mit Hilfe der Rechenregel log (a × b) = log a + log b zeigen kann – wonach der Logarithmus eines Produktes gleich der Summe der Logarithmen der Faktoren ist –, ist ein unendliches Produkt mit den Gliedern a_j genau dann konvergent, wenn die Reihe mit den Gliedern log a_j konvergiert).

Wie viele Primzahlen gibt es bis n?

Wenn die Anzahl der Primzahlen insgesamt unendlich ist, dann erhebt sich die naheliegende Frage, wie viele es davon bis zu einer bestimmten natürlichen Zahl n gibt.

Man bezeichnet mit $\pi(x)$ für eine reelle Zahl x ≥ 2 die Anzahl aller Primzahlen p mit 2 ≤ p ≤ x. (Als Argument von $\pi(x)$ wird x und nicht n verwendet, da $\pi(x)$ mit Hilfe *reeller* Funktionen ausgedrückt wird, wie wir sogleich sehen werden. Zudem besteht keine Gefahr, daß wir $\pi(x)$ mit der Kreiszahl π verwechseln.)

Im vergangenen Jahrhundert wurden umfangreiche Theorien über die Verteilung der Primzahlen entwickelt. Die bekannteste brachte den «Primzahlsatz» hervor, den Carl Friedrich Gauß und Adrien-Marie Legendre 1792 unabhängig voneinander vermutet hatten und den erst rund hundert Jahre später (1896) Jacques Hadamard und Charles de la Vallée-Poussin, wiederum unabhängig voneinander, mit Mitteln der Analysis beweisen konnten. Der Satz besagt, daß die Anzahl der Primzahlen, die kleiner als x sind, für große x immer besser durch den Ausdruck x / log x approximiert wird (der Ausdruck log x bezeichnet den natürlichen Logarithmus von x). Formelmäßig drückt sich diese Aussage folgendermaßen aus:

$$\pi(x) \sim \frac{x}{\log x} \quad \text{oder auch} \quad \lim_{x \to \infty} \frac{\pi(x)}{x / \log x} = 1$$

(«$\pi(x)$ und x / log x sind *asymptotisch* gleich.» Beide Funktionen haben das gleiche Verhalten für $x \to \infty$, das heißt im Unendlichen.) Wie das Verhältnis der beiden Funktionen in der nachstehenden Tabelle zeigt, nähert sich x / log x mit wachsendem x dem wirklichen Wert $\pi(x)$ in der Tat immer besser.

x	$\pi(x)$	x / log x	$\dfrac{\pi(x)}{x / \log x}$
2	1	2,885	0,347
10	4	4,343	0,921
10^2	25	$2,174 \times 10$	1,150
10^3	168	$1,449 \times 10^2$	1,159
10^4	1229	$1,086 \times 10^3$	1,132
10^5	9592	$8,695 \times 10^3$	1,103
10^6	78498	$7,238 \times 10^4$	1,085
10^7	664579	$6,204 \times 10^5$	1,071
10^8	5761455	$5,429 \times 10^6$	1,061
10^9	50847534	$4,825 \times 10^7$	1,054
10^{10}	455052512	$4,343 \times 10^8$	1,048

Außerdem gibt es einen sogenannten zweiten Primzahlsatz, den ich nachfolgend kurz formuliere.

Der zweite Primzahlsatz

Die Aussage des zweiten Primzahlsatzes lautet: $\pi(x)$ kann asymptotisch durch

$$L(x) = \sum_{n=2}^{x} \frac{1}{\log n}$$

dargestellt werden.

Das Glied $1/\log x$ können wir als die «Primzahldichte» oder auch als die «Wahrscheinlichkeit dafür ansehen, daß x asymptotisch eine Primzahl» ist. Dann haben wir die asymptotische Beziehung

$$\pi(x) \sim L(x) \sim x/\log x$$

$L(x)$ gibt jedoch eine viel bessere Näherung von $\pi(x)$ an als $x/\log x$.

Die Riemannsche Vermutung

Die Riemannsche Vermutung ist zweifellos der Heilige Gral der Zahlentheorie, denn in der Theorie der Primzahlverteilung hängen viele Details von ihr ab, speziell die Abschätzung von Fehlergliedern von $L(x)$ (siehe zum Beispiel Lang 1989). Ausgangspunkt ist eine Reihe namens Zetafunktion, wobei x reell und $x > 1$ ist,

$$\zeta(x) = \frac{1}{1^x} + \frac{1}{2^x} + \frac{1}{3^x} + \frac{1}{4^x} + \dots$$

(ζ ist das Symbol für das griechische z, genannt «zeta».)

Um eine analytische Theorie der Primzahlen zu begründen, hat 1859 Bernhard Riemann diese Funktion auf die komplexen Zahlen $z = (x, y)$ erweitert, die – wie gewöhnliche Koordinaten eines Punktes der kartesischen Ebene – als Paare reeller Zahlen darstellbar sind (ich komme anläßlich des «schönsten» Satzes $e^{i\pi} = -1$ noch darauf zurück).

Von Interesse sind die Nullstellen, das heißt die Lösungen der Gleichung $\zeta(z) = 0$. Die sogenannten trivialen Lösungen, nämlich die reinen reellen Nullstellen, sind die negativen geraden Zahlen –2, –4, –6 und so fort. Die berühmte Riemannsche Vermutung besagt nun, daß *alle übrigen* Nullstellen die Form ($1/2$, y) haben.

Primzahlen in Intervallen

Über die Primzahlverteilung im großen gibt der Primzahlsatz Auskunft. Es gibt weitere Sätze, die die Existenz von Primzahlen in bestimmten Intervallen sichern. Einer von ihnen besagt zum Beispiel, daß zwischen jeder natürlichen Zahl größer als eins und ihrem Doppelten eine Primzahl liegen muß. Joseph Bertrand hatte die Richtigkeit dieser Behauptung, die die Bezeichnung «Bertrandsches Postulat» erhielt, ursprünglich nur vermutet, aber im Laufe der Zeit konnten Pafnutij Tschebyscheff, Srinivasa Ramanujan und Paul Erdös mehrere Beweise dafür angeben. In Wirklichkeit sind die Primzahlen demnach doch nicht so dünn gesät, wie es auf den ersten Blick erscheinen mag.

Vieles spricht dafür, daß es auch zwischen einem Quadrat n^2 und dem nächsten $(n + 1)^2$ stets eine Primzahl gibt. Doch das ist noch unbewiesen. Nehmen wir als Beispiel n = 5: Zwischen $5^2 = 25$ und $6^2 = 36$ existieren sogar zwei Primzahlen: 29 und 31. Die Schwierigkeit liegt eben darin, die Aussage für *alle* n ≥ 2 zu beweisen – unendlich viele.

Von weittragender Bedeutung ist auch folgendes Ergebnis von Gustav Peter Lejeune-Dirichlet: Sind a und b teilerfremde natürliche Zahlen, so enthält die arithmetische Folge $c_n = a + nb$ (n ∈ **N**) unendlich viele Primzahlen. Ziehen wir als Beispiel die teilerfremden Zahlen a = 4 und b = 7 heran (ihr größter gemeinsamer Teiler ist 1). Der Satz besagt nun, daß die Folge

$$(c_1 = 11, c_2 = 18, c_3 = 25, c_4 = 32, c_5 = 39, c_6 = 46, c_7 = 53, \dots)$$

unendlich viele Primzahlen enthält. Zwei davon erblicken wir in diesen ersten sieben Gliedern: $c_1 = 11$ und $c_7 = 53$.

Unvergängliche Sätze des größten «professionellen Amateurmathematikers»

Es war der Jurist Pierre de Fermat, der im Frankreich der ersten Hälfte des 17. Jahrhunderts fast selbständig das Fundament der Theorie der ganzen Zahlen schuf. Er war so kreativ und spitzfindig, daß er einen Vergleich mit den besten professionellen Mathematikern seiner Zeit nicht zu scheuen brauchte. Deshalb hat ihm so mancher Historiker der Mathematik einen Platz unter den großen Amateuren verweigert. Fermat beschränkte sich aber keineswegs nur auf die Zahlentheorie: Einige seiner Arbeiten haben die Grundgedanken der Differential- und Integralrechnung sowie der Wahrscheinlichkeitsrechnung vorweggenommen.

Unter seinen unvergänglichen Resultaten befindet sich eines, dem zufolge jede Primzahl der Form $4n + 1$ auf eindeutige Weise als Summe zweier Quadratzahlen geschrieben werden kann: Es gibt genau ein Paar natürlicher Zahlen (a, b), so daß $p = a^2 + b^2$ gilt. Zum Beispiel ist 137 ($= 4 \times 34 + 1$) eine Primzahl dieser Form, und sie läßt sich tatsächlich als Summe der beiden Quadrate 11^2 und 4^2 schreiben. Die beiden kleinsten Primzahlen der Form $4n + 1$ sind 5 und 13, und wiederum gilt $5 = 2^2 + 1^2$ und $13 = 3^2 + 2^2$.

Der interessierte Leser findet in Aigner/Ziegler (1998) einen sehr schönen, modernen Beweis (von Don Zagier), der den Rahmen dieses Buches sprengen würde.

Ein anderes unvergängliches Resultat der Arbeit des französischen Juristen ist der sogenannte kleine Fermatsche Satz, Urvater der meisten heutigen Primzahltests. Bei der Jagd nach Mammutprimzahlen werden hochentwickelte Versionen seines Theorems verwendet (siehe zum Beispiel den Abschnitt *Großjagd auf Monster* in «Abenteuer Mathematik»).

Das berüchtigtste Vermächtnis aber war der *große* oder *letzte Fermatsche Satz*, wie er später genannt wurde. Über 350 Jahre lang sollte er die Welt der Mathematiker in Atem halten (ab Seite 40 finden Sie ein eigenes Kapitel darüber).

Spielerische Primzahlmuster

Da also die Menge der Primzahlen unendlich ist, dürfte es doch eigentlich nicht schwierig sein, ein Verfahren zu finden, das beliebig viele erzeugt. Tatsächlich sind unzählige Methoden vorgeschlagen und erprobt worden, doch die Behauptungen mancher Mathematiker, Profis wie auch Amateure, sie hätten eine Zauberformel für Primzahlen entdeckt, haben sich bislang stets als unzutreffend erwiesen. (Wie Mathematiker gezeigt haben, gibt es wohl eine positive reelle Zahl r, für die der Ausdruck r^{3^n}, abgerundet auf ganzzahlige Werte, für jede natürliche Zahl n nur Primzahlen liefert, aber hierbei handelt es sich um einen reinen Existenzbeweis, der keinerlei konkrete Konstruktionsangabe enthält. Man weiß nichts Konkretes über die Zahl r.)

Trotz aller spielerischer Muster: Die Primzahlen zeigen ein merkwürdiges Verhalten und sind anscheinend zufällig unter den natürlichen Zahlen verstreut. Mal treten Häufungen auf, mal Verdünnungen. Keine bisher bekannte Regel vermag dieses Phänomen zu erklären. Don Zagier, einer der erfahrensten amerikanischen Zahlentheoretiker und Wissenschaftliches Mitglied am Max-Planck-Institut für Mathematik in Bonn, beurteilt den schizophrenen Charakter der Primzahlen wie folgt: Einerseits «gehören sie trotz ihrer einfachen Definition zu den willkürlichsten, widerspenstigsten Objekten, die der Mathematiker überhaupt studiert. Sie wachsen wie Unkraut unter den natürlichen Zahlen, scheinbar keinem anderen Gesetz als dem Zufall unterworfen, und kein Mensch kann voraussagen, wo wieder eine sprießen wird, noch einer Zahl ansehen, ob sie prim ist oder nicht.» Andererseits aber und ganz im Gegenteil dazu «zeigen die Primzahlen die ungeheuerste Regelmäßigkeit auf und sind durchaus Gesetzen unterworfen, denen sie mit fast peinlicher Genauigkeit gehorchen».

Primzahlzwillinge und der Brunssche Witz

Manchmal sind zwei Primzahlen nur durch eine einzige – gerade – Zahl voneinander getrennt. Das ist der Fall für das Paar 5 und 7, ebenso für 17 und 19. Solche «Primzahlzwillinge» sind in höchsten Regionen des Zahlensystems entdeckt worden, doch niemand weiß, ob es ein größtes solches Paar gibt oder ob ihre Anzahl unendlich ist.

Dennoch läßt sich kurioserweise eine genaue quantitative Aussage über alle Primzahlzwillinge machen, sofern es unendlich viele davon gibt. Während (wie wir bereits wissen) die Reihe der Kehrwerte aller Primzahlen divergiert,

$$\sum_{p \, \text{prim}} \frac{1}{p} = \infty,$$

ist nämlich die Reihe der Kehrwerte sämtlicher Primzahlzwillinge *konvergent*,

$$\sum_{\substack{p \text{ prim} \\ p+2 \text{ prim}}} \left(\frac{1}{p} + \frac{1}{p+2}\right) < \infty,$$

und ihr genauer Wert ist sogar bekannt! Das ist ungefähr so,
als wisse jemand, der nicht weiß, wieviel Geld er besitzt, dennoch auf den Pfennig genau, was er alles damit kaufen kann.
Dieser bizarre Sachverhalt wird nach seinem Entdecker
Viggo Bruns der «Brunssche Witz» genannt.

Vom antiken Schönheitsideal zur Polyederformel

Vermutlich weiß jeder, was ein reguläres (ebenes) n-Eck ist. Die gleichseitigen Dreiecke sind die regulären Dreiecke und die Quadrate die regulären Vierecke. Ihre Seiten haben jeweils die gleiche Länge, und sie können einem Kreis so eingeschrieben werden, daß die Ecken auf dem Kreisumfang liegen. Weiterhin gibt es reguläre Fünfecke, Sechsecke usw. Ja, sogar unendlich viele reguläre n-Ecke sind denkbar, für jedes natürliche n ≥ 3 nämlich eines.

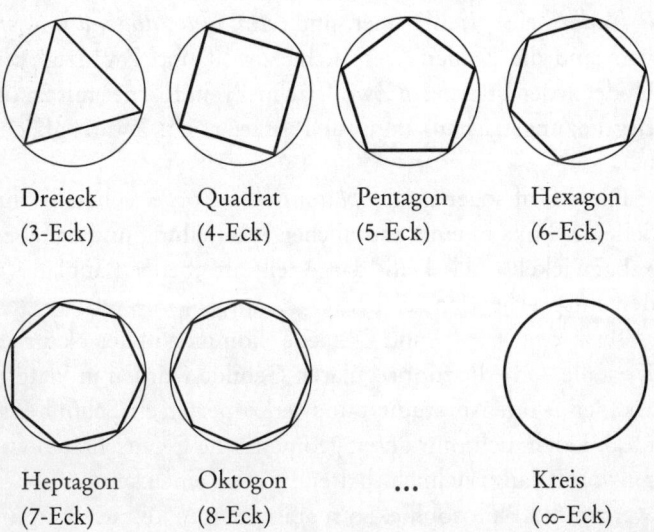

Dreieck	Quadrat	Pentagon	Hexagon
(3-Eck)	(4-Eck)	(5-Eck)	(6-Eck)

Heptagon	Oktogon	...	Kreis
(7-Eck)	(8-Eck)		(∞-Eck)

Jahrtausende haben Mathematiker, darunter auch unzählige Amateure, untersucht, welche dieser regulären n-Ecke mit Zirkel und Lineal allein konstruiert werden können. Im Gegensatz dazu soll sich unser Augenmerk im folgenden vielmehr auf die Frage richten, was mit den regulären n-Ecken im dreidimensionalen euklidischen, das heißt im gewöhnlichen geometrischen Raum korrespondiert. Die entsprechenden Gebilde nennen wir «reguläre Körper». Versuchen wir, diesen Begriff vorerst intuitiv zu erfassen. Die exakte Definition schieben wir noch etwas auf.

Sofort fällt uns der *Würfel* ein. Dann das *Tetraeder* – als reguläre Pyramide. Dann vielleicht noch das *Oktaeder*, ein Körper, der aus zwei Pyramiden mit quadratischem Grundriß zusammengesetzt ist. Freunde des Fußballspiels mögen an das *Dodekaeder* denken, das aus zwölf regulären Fünfecken besteht. Das *Ikosaeder* wird wohl nur jemand in Betracht ziehen, der diesen Körper schon einmal gesehen hat. Er ist von zwanzig gleichseitigen Dreiecksflächen begrenzt. Die Namen für diese Körper stammen aus dem Griechischen. *Polyeder* heißt Vielflächner, und *tetra*, *okto*, *dodeka* und *eikosi* sind die Zahlen Vier, Acht, Zwölf und Zwanzig. Ein Dodekaeder ist also ein Zwölfflächner (ein Körper mit zwölf Begrenzungsflächen) und ein Ikosaeder ein Zwanzigflächner.

Diese fünf sogenannten *platonischen Körper* sehen Sie auf Seite 33, links in einer räumlichen Darstellung und daneben «abgewickelt», das heißt dargestellt als ebener Bauplan für den entsprechenden Körper.

Tetraeder, Würfel und Oktaeder kommen in der Natur als Kristalle vor. Alle fünf regulären Gebilde wurden in Platons Akademie intensiv studiert und verkörperten ein Schönheitsideal. Doch nicht nur deren geometrische Eigenschaften waren von Belang, vielmehr hatten sie auch einen symbolischen Wert in der Philosophie. So repräsentierten Tetraeder, Wür-

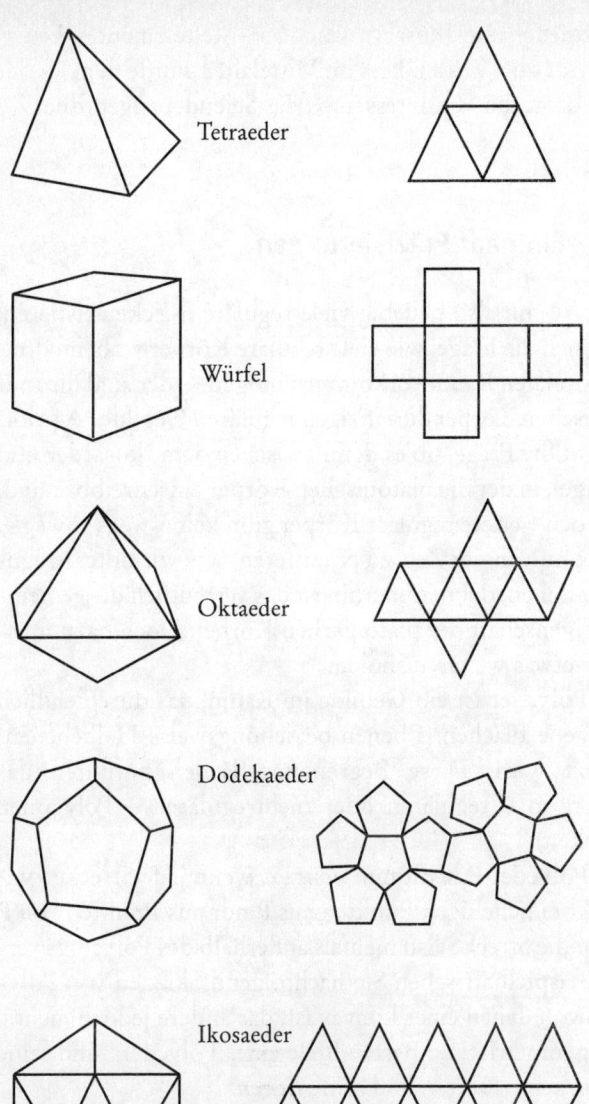

Tetraeder

Würfel

Oktaeder

Dodekaeder

Ikosaeder

fel, Oktaeder und Ikosaeder die vier «Weltelemente» Feuer, Erde, Luft und Wasser. Erst im Mittelalter wurde dem Dodekaeder dann die «Quintessenz», das Seiende, zugeordnet.

Ein paar Präzisierungen

Wenn also beliebig viele reguläre n-Ecke existieren, erhebt sich die Frage, wie viele reguläre Körper wohl im dreidimensionalen Raum vorkommen mögen. Oder sind die fünf platonischen Körper die einzigen regulären Gebilde? A priori erscheint die Frage, ob es denn zwischen dem Ikosaeder und der Kugel, in der die platonischen Körper einschreibbar sind, nicht noch weitere reguläre Körper gibt, keineswegs abwegig.

Es ist nun an der Zeit zu präzisieren, was wir unter «regulär» verstehen, denn immerhin ist das vermutlich die gemeinsame Eigenschaft der platonischen Körper. Doch dazu müssen wir etwas weiter ausholen.

Ein Polyeder ist ein Gebilde im Raum, das durch endlich viele ebene Flächen (Ebenen beziehungsweise Halbebenen) begrenzt wird. Diese Begrenzungsflächen berühren das Polyeder in – regulären oder nichtregulären – Polygonen (Vielecken).

Ein Polyeder P heißt nun *konvex*, wenn jede Strecke zwischen zwei beliebigen Punkten aus P nur aus Punkten von P besteht, die Strecke also niemals außerhalb des Polyeders verläuft. Beispielhaft sehen Sie nachfolgend Skizzen von Polygonen, von denen eines konvex ist, das andere jedoch nicht.

Die geometrischen Bestandteile eines Polyeders sind seine *Flächen*, seine *Kanten* und seine *Ecken*.

Eine *Fläche* eines Polyeders P ist der Teil von P, der auf einer Begrenzungsebene liegt. Zum Beispiel sind sämtliche Flächen eines Würfels Quadrate.

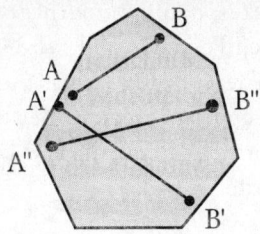
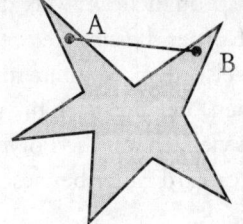

| Konvexes Polygon | Nichtkonvexes Polygon |

Zwei Flächen, die mehr als einen Punkt von **P** gemeinsam haben, schneiden sich in einer *Kante* oder *Grenze*.

Ein Punkt von **P** heißt eine *Ecke*, falls an ihn mindestens drei Flächen angrenzen.

Kommen wir nun zur entscheidenden Definition:

Ein *regulärer Körper* – **RK** – ist ein konvexes Polyeder, das zusätzlich die folgenden Eigenschaften hat:

Es gibt zwei natürliche Zahlen n und m, so daß gilt:

a) Jede Fläche von **RK** ist ein reguläres n-Eck.

b) An jeder Ecke von **RK** treffen genau m Kanten zusammen.

Die platonischen Körper sind zweifellos konvex. Schauen wir uns ihre Werte für n und m an:

Platonische Körper

	Tetraeder	Würfel	Oktaeder	Dodekaeder	Ikosaeder
n:	3	4	3	5	3
m:	3	3	4	3	5

Der ursprüngliche Beweis des Satzes, daß die fünf platonischen Körper die einzigen regulären Polyeder sind, wird üblicherweise dem Mathematiker Theaetet aus Athen zugeschrieben, der 369 v. Chr. gestorben ist. Heutige Beweise greifen vielfach auf die Polyederformel zurück, die erst 1751 von Leonhard Euler bewiesen wurde.

Beweisskizze für den Satz: Die fünf platonischen Körper sind die *einzigen* regulären Polyeder

RK sei ein regulärer Körper, bei dem jede Fläche n Kanten und jede Ecke m Kanten hat.

Mit E, F und K bezeichnen wir die Anzahlen der Ecken, Flächen und Kanten von **RK**. Mit Hilfe von n und m versuchen wir zuerst, einfache Beziehungen zwischen diesen drei Größen herzustellen. Da an jeder Ecke von **RK** genau m Kanten angrenzen, zählt E × m (oder kurz Em) alle Kanten, und zwar jede Kante genau zweimal, da sie ja genau zwei Ecken hat. Also gilt

$$Em = 2K \text{ oder } K = Em/2 \tag{1}$$

Jede Fläche F hat genau n Begrenzungskanten. Daher ist F × n (oder kurz Fn) die Anzahl aller Kanten, wobei jede Kante doppelt gezählt wird, da eine Kante stets genau zwei Flächen begrenzt. Wir erhalten

$$Fn = 2K \text{ oder } F = 2K/n \tag{2}$$

Nun wollen wir die Eulersche Polyederformel auf **RK** anwenden:

$$E - K + F = 2 \tag{3}$$

Dazu müssen die drei bisher erhaltenen Gleichungen wie folgt kombiniert werden: In die Gleichung (3) setzen wir $2K/n$ für F ein und vereinfachen, dann $Em/2$ für K, vereinfachen wieder und formen leicht um. Das Ergebnis lautet:

$$2 = \frac{E}{2n}\,[2n-m(n-2)] = \frac{E}{2n}\,[4-(n-2)(m-2)] \qquad (4)$$

Die Umformung von $2n - m(n - 2)$ in $4 - (n - 2)(m - 2)$ ist für Ungeübte ein bißchen trickreich, aber im Grunde elementar. Hier zeigt sich eine Schwierigkeit bei spielerischen mathematischen Betrachtungen. Diese Schwierigkeit zu «sehen» (und zwar zielgerichtet, das heißt, zu welchem späteren Zweck) ist eine der Ursachen für die Abneigung gegenüber dieser Disziplin – auch seitens berühmter Philosophen wie Arthur Schopenhauer, wie ich zu Beginn des Buches dargestellt habe. Aber: Wir müssen diese Gedankengänge ja nicht erfinden, sondern sollten sie nur nachvollziehen und verifizieren können.

Da die Zahlen 2 und $E/2n$ offensichtlich positiv sind, muß wohl auch die Zahl $4 - (n - 2)(m - 2)$ positiv sein. Das bedeutet aber:

$$4 > (n - 2)(m - 2) \qquad (5)$$

Da n und m natürliche Zahlen mit $n \geq 3$ und $m \geq 3$ sind, ergeben sich aus der Ungleichung (5) nur die folgenden fünf Möglichkeiten für die (n, m)-Paare:

$$(n, m) = (3, 3), (3, 4), (3, 5), (4, 3), (5, 3) \qquad (6)$$

Daraus lassen sich mit Hilfe der anfänglichen Gleichungen auch die entsprechenden Werte von E, F und K berechnen:

(n, m):	(3, 3)	(3, 4)	(3, 5)	(4, 3)	(5, 3)
E:	4	6	12	8	20
F:	4	8	20	6	12
K:	6	12	30	12	30

Die Lösungen (6) sind zweifellos das wesentliche Ergebnis auf dem Weg zum *endgültigen* Beweis. Noch nämlich haben wir nicht vollständig gezeigt, daß diesen fünf Paaren von (n, m)-Werten genau die fünf platonischen Körper entsprechen – weil wir von der Voraussetzung, daß jede Fläche ein *reguläres* Vieleck ist, noch keinen Gebrauch gemacht haben. Benutzen wir diese Information, so ist es nicht mehr allzu schwierig einzusehen, daß **RK** einer der platonischen Körper sein muß.

Allerdings muß man dazu für jedes Wertepaar (n, m) noch den Körper **RK** in Gedanken konstruieren, was wiederum einige Anforderungen an das räumliche Vorstellungsvermögen stellt – eine knifflige, wenn auch nicht sehr schwierige Aufgabe, die wir uns hier aber sparen. Perfektionisten, die diese Konstruktionen nach allen Regeln der Kunst zum vollständigen Beweis nachvollziehen möchten, verweise ich auf den Titel «Luftschlösser und Hirngespinste» (1986) von Albrecht Beutelspacher.

Die Eulersche Polyederformel

Bereits im 17. Jahrhundert war René Descartes klar, daß für ein konvexes Polyeder mit E Eckpunkten, K Kanten und F Flächen die invariante Beziehung $E - K + F = 2$ gilt: zweifellos eine schöne und tiefe Beziehung. Leonhard Euler erwähnte dieses Resultat, allerdings für zusammenhängende, ebene Landkarten, 1750 in einem Brief an seinen Freund Christian Goldbach.

Heute gibt es zahlreiche Beweise der Eulerschen Polyederformel, knifflige und einfache. Ein unkomplizierter, leicht nachvollziehbarer Standardbeweis mit Hilfe der vollständigen Induktion nach der Anzahl der Kanten befindet sich zum Beispiel in Beutelspacher 1986, während Aigner / Ziegler 1998 einen kompakten und eleganten, aber für Ungeübte etwas kniffligen Beweis präsentieren, der ohne Induktion auskommt.

Allerdings sind räumliche konvexe Polyeder keine ebenen zusammenhängenden Landkarten. Es gibt aber eine Prozedur, durch die jedes konvexe Polyeder zu einer geeigneten Landkarte mit genau so vielen Ecken, Kanten und Flächen wie der Ausgangskörper «geplättet» werden kann, so daß sich auf dieser Landkarte die Eulersche Polyederformel anwenden läßt.

Was für alle konvexen Polyeder gilt, muß auch für die speziell regulären Vertreter gelten, das heißt für die fünf platonischen Körper. Deshalb durfte auf Seite 36 von der Eulerschen Polyederformel Gebrauch gemacht werden.

Pythagoreische Tripel und Fermats letzter Satz

Vorspiel

Ein einfacher Beweis für den Satz des Pythagoras

Gehen wir von einem beliebigen rechtwinkligen Dreieck mit den Seiten a, b und c aus, wobei c die Hypotenuse bezeichnet (siehe folgende Skizze links). Dieses Dreieck hat die Fläche $ab/2$ (die Hälfte der Fläche eines Rechtecks mit den Seiten a und b). Dann ergänzen wir dieses Dreieck mit dem gekippten Quadrat c^2 und mit weiteren drei Dreiecken, die mit dem ursprünglichen identisch sind: Es entsteht ein lückenloses, größeres Quadrat mit der Seite a + b (siehe folgende Skizze rechts; daß dies tatsächlich ein lückenloses Quadrat ist, ergibt sich aus einfachen Winkelbetrachtungen, ausgehend von der Tatsache, daß die Summe der Winkel eines ebenen Dreiecks 180 Grad beträgt).

Zur Berechnung der Fläche des großen Quadrats stehen nun zwei Möglichkeiten zur Verfügung:

> Erstens: Die gesamte Fläche des großen Quadrats beträgt $(a + b)^2$.
> Zweitens: Die Summe der einzelnen Flächen, aus denen sich das große Quadrat zusammensetzt, ergibt:

4 × Fläche eines Dreiecks + Fläche des gekippten Quadrats = 4 × (ab / 2) + c²

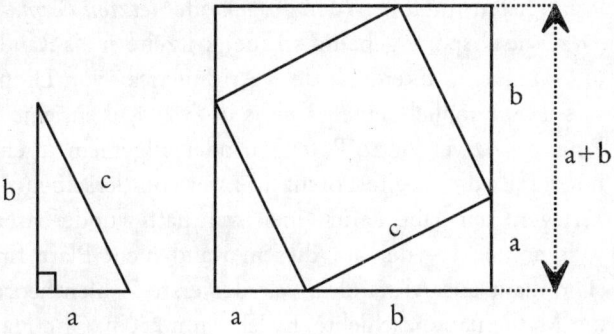

Die Ausdrücke der beiden Berechnungen dürfen wir gleichsetzen, da sie die gleiche Fläche bezeichnen. Also gilt

$$(a + b)^2 = 4 \times (ab/2) + c^2$$

oder, ausmultipliziert:

$$a^2 + 2ab + b^2 = 2ab + c^2$$

Ziehen wir auf beiden Seiten 2ab ab, so verbleibt

$$a^2 + b^2 = c^2$$

Die Ursprünge des Problems

Pierre de Fermat ist bereits als der größte «professionelle Amateurmathematiker» vorgestellt worden. Sein Ruhm beruht auf seiner Korrespondenz mit anderen Mathematikern: Er selbst hat sehr wenig veröffentlicht. Nach seinem Tod (1665) hinterließ er eine Menge Sätze, deren Beweise, wenn überhaupt, nur ihm bekannt waren. Den berüchtigtsten von ihnen (den *großen* oder *letzten Fermatschen Satz*, wie er später genannt wurde) kritzelte er als Randnotiz in sein eigenes Exemplar der «Arithmetica» von Diophant: «Es ist unmöglich, einen Kubus in zwei Kuben, eine vierte Potenz in zwei vierte Potenzen oder allgemein irgendeine höhere als die zweite Potenz in zwei von derselben Art zu zerlegen. Ich habe dafür einen wahrhaft wunderbaren Beweis entdeckt – der auf diesem Rand nicht Platz findet.» (Diophant aus Alexandria war der erste Zahlentheoretiker der Mathematikgeschichte. Er lebte um 250 n. Chr. Heutzutage gebrauchen wir den Ausdruck *diophantische Gleichung* für eine Gleichung, deren Lösungen in ganzen Zahlen gesucht werden.)

Das war im Jahre 1637. Was wir heute über den großen Fermatschen Satz wissen, erfordert Methoden, die im 17. Jahrhundert unmöglich zur Verfügung gestanden haben können. War nun Fermats Behauptung, er habe einen Beweis gefunden, eine Selbsttäuschung oder ein Riesenbluff? Oder hatte er tatsächlich etwas gesehen, was seitdem jedem entgangen ist? Irgendwie unfair ist es schon, nur zu behaupten, man habe einen wunderbaren Beweis, und dann zu sterben. Doch dessenungeachtet hat die fast beiläufige Randbemerkung Fermats eine ungeheure mathematische Entwicklung in Gang gesetzt.

Ausgangspunkt seiner Überlegungen waren die von Diophant behandelten pythagoreischen Tripel ganzer Zahlen, die die Seitenlängen eines rechtwinkligen Dreiecks bilden. Seit Urzeiten war bekannt, daß ein Dreieck, dessen Seiten drei, vier und fünf Einheiten lang sind, einen rechten Winkel besitzt. Unter Benutzung des Satzes von Pythagoras läuft das allgemeine Problem darauf hinaus, ganze Zahlen a, b und c zu finden, so daß $a^2 + b^2 = c^2$ ist – so wie es für die Zahlen 3, 4 und 5 gilt: $3^2 + 4^2 = 5^2$ oder $9 + 16 = 25$. Bereits eine zwischen etwa 1900 und 1600 v. Chr. entstandene altbabylonische Tafel zählt fünfzehn solcher Tripel auf, die zweifellos durch Probieren entdeckt wurden.

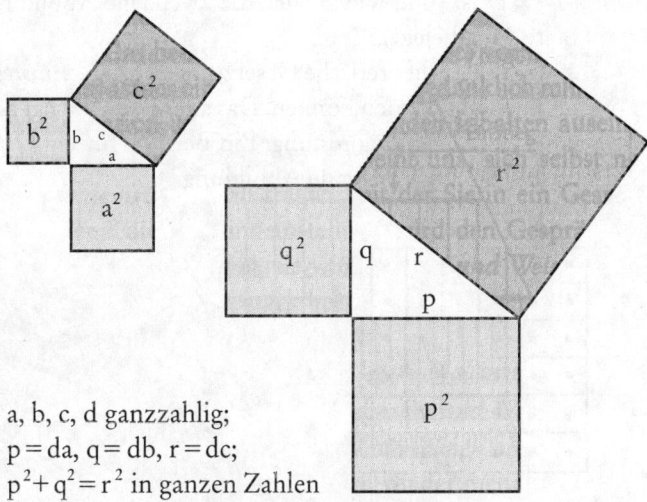

a, b, c, d ganzzahlig;
$p = da$, $q = db$, $r = dc$;
$p^2 + q^2 = r^2$ in ganzen Zahlen

Diophant packte das allgemeine Problem an, erfand als durchaus gewitzter und kluger Virtuose eine Vielfalt von Methoden, doch vermochte deren inneres Wesen nicht zu entdecken, so daß ihm der Weg zu einer allgemeinen Erkenntnis verschlossen blieb. Heute wissen wir, daß es unendlich viele Lösungen gibt, und können sie auch explizit angeben.

Die pythagoreischen Tripel

In ganzen Zahlen a, b und c lautet die pythagoreische Gleichung

$$a^2 + b^2 = c^2 \qquad (1)$$

Wie kann man diese Gleichung nun lösen?

Für ein spezielles Ergebnis (a, b, c) ist trivialerweise auch jedes ganzzahlige Vielfache d(a, b, c) = (da, db, dc) = (p, q, r) eines, da die Gleichung $(da)^2 = (db)^2 + (dc)^2$ äquivalent zu $p^2 + q^2 = r^2$ ist (und wie es auch die zweifache Abbildung auf Seite 43 nahelegt).

Es gibt zahlentheoretische Gesetze, die an *Zahlenrastern* veranschaulicht werden können. Das sind Punktmengen in einer regelmäßigen Anordnung. Ein Beispiel für ein Quadratraster zeigt die folgende Abbildung.

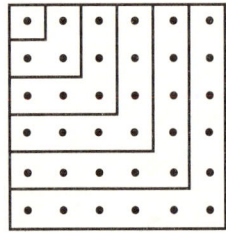

Zu den einzelnen Quadraten gehören 1, 4, 9, 16, 25, 36 Punkte. Erhöht man das Quadrat um eine Stufe, indem rechts vertikal und unten horizontal je sechs Punkte und diagonal noch ein Punkt hinzugefügt werden, so ergibt sich ein Quadrat mit 49 Punkten. Für die Anzahl der Punkte folgt also $36 + (2 \times 6 + 1) = 49$.

Dieser Sachverhalt läßt sich mühelos verallgemeinern: Ein quadratisches Raster mit n^2 Punkten muß um $2n + 1$ Punkte ergänzt werden, damit ein Quadrat mit $(n + 1)^2$ Punkten entsteht. Somit gilt:

$$n^2 + (2n + 1) = (n + 1)^2 \qquad (2)$$

Daraus läßt sich ablesen, daß die Differenzen aufeinanderfolgender Quadratzahlen die ungeraden Zahlen liefern.

Mit Hilfe der Gleichung (2) kann man nun Zahlentripel (a, b, c) finden, die die pythagoreische Gleichung (1) erfüllen. Offenbar ist es dazu lediglich erforderlich, 2n + 1 in Gleichung (2) zu einem Quadrat zu machen. Setzen wir also 2n + 1 = m^2, so folgt daraus

$$n = \frac{m^2-1}{2} \quad \text{und} \quad n+1 = \frac{m^2+1}{2} \tag{3}$$

(Diese Brüche sind ganze Zahlen, da m^2 = 2n + 1 ungerade ist.)

Setzen wir (3) in (2) ein, so erhalten wir

$$m^2 + \left(\frac{m^2-1}{2}\right)^2 = \left(\frac{m^2+1}{2}\right)^2 \tag{4}$$

Diese Beziehung liefert für m = 3, 5, 7, 9, … pythagoreische Tripel (a, b, c), ganze Zahlen also, die der Gleichung (1) genügen. Allerdings resultiert daraus nur jeweils ein Teil der Lösungen.

Will man *alle* Lösungen erzeugen, bedarf es eines anderen Ansatzes. In der pythagoreischen Gleichung (1) kann jeder Term durch c^2 ($\neq$ 0) dividiert werden:

$$\left(\frac{a}{c}\right)^2 + \left(\frac{b}{c}\right)^2 = 1 \tag{5}$$

Setzen wir $x = {}^a/_c$ und $y = {}^b/_c$, dann wird aus der pythagoreischen Gleichung – beziehungsweise aus der Gleichung (5) –

$$x^2 + y^2 = 1 \tag{6}$$

Im Gegensatz zu den ganzen Zahlen a, b und c sind x und y nun rationale Zahlen oder Brüche. Liegt umgekehrt eine Lösung (x, y) in rationalen Zahlen vor, so kann jede Zahl als Bruch mit einem gemeinsamen Nenner c geschrieben werden. Nach Wegschaffung der Nenner liegt dann eine Lösung von $a^2 + b^2 = c^2$ in ganzen Zahlen vor.

Das Problem, alle Lösungen von $a^2 + b^2 = c^2$ in *ganzen* Zahlen zu finden, ist somit dem Problem äquivalent, alle Lösungen von $x^2 + y^2 = 1$ in *rationalen* Zahlen zu finden.

Gleichung (6) beschreibt den sogenannten Einheitskreis in der kartesischen Ebene, das ist der Kreis vom Radius 1 mit dem Mittelpunkt im Ursprung der Koordinatenachsen x und y.

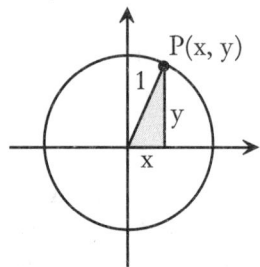

Der Punkt P mit der Abszisse x und der Ordinate y bestimmt ein rechtwinkliges Dreieck mit der Hypotenuse 1 und den Katheten x und y.

Das Problem läßt sich nun so formulieren, daß wir annehmen, alle rationalen Punkte, das heißt alle Punkte, deren Koordinaten x und y rationale Zahlen darstellen, seien auf dem Kreis zu ermitteln.

Es gilt dann der folgende Satz: Abgesehen von der Lösung ($x = -1$, $y = 0$) erzeugt man alle übrigen rationalen Lösungen, indem man in die Formeln

$$x = \frac{1-t^2}{1+t^2} \quad \text{und} \quad y = \frac{2t}{1+t^2} \tag{7}$$

für t einen rationalen Wert einsetzt. Durch die vier Grundrechenarten ergeben sich x und y aus der rationalen Zahl t, und wir erhalten rationale Zahlen. (Ich gehe hier nicht darauf ein, *wie* man – vor langer Zeit – auf diese Ausdrücke gekommen ist.)

Daß die Formeln (7) tatsächlich Lösungen von $x^2 + y^2 = 1$ liefern, läßt sich durch einfaches Einsetzen verifizieren: Addieren wir die quadrierten Ausdrücke (7), dann folgt daraus:

$$x^2 + y^2 = \frac{1 - 2t^2 + t^4}{1 + 2t^2 + t^4} + \frac{4t^2}{1 + 2t^2 + t^4} = \frac{1 + 2t^2 + t^4}{1 + 2t^2 + t^4} = 1$$

Somit liegt eine Identität vor, die für alle Werte von t gilt.

Die Odyssee eines Beweises

Während sich Fermat mit Diophants pythagoreischen Zahlentripel befaßte, muß er begonnen haben, über das analoge Problem hinsichtlich Kuben, vierte Potenzen und so fort nachzudenken, das heißt über die *Fermatsche Gleichung*

$x^n + y^n = z^n$ (x, y, z und n ganz, n ≥ 3)

Wir wissen dies aufgrund der oben erwähnten Randnotiz, die behauptet, es gebe für n > 2 *keine* Lösungen in ganzen Zahlen. Es ist nicht schwer zu zeigen, daß es ausreicht, dies für n = 4 und für *jede* (ungerade) Primzahl n zu beweisen.

Von Fermats Beweis für n = 4 ist eine Skizze überliefert. Leonhard Euler hat den Fall n = 3 im Jahre 1780 gelöst. Für die Zahlen 5, 7 und 13 gelang der Nachweis in den darauffolgenden fünfzig (ja, fünfzig) Jahren. Vorerst blieb es dann dabei.

Aus der Sicht der Berufsmathematiker gleicht die Geschichte der Fermatschen Gleichung einem langen, immer abstrakter werdenden Krimi, der mehr und mehr Einsichten in die innere Einheit und Ordnung der diophantischen Gleichungen offenbarte. Unzählige Arbeiten zum Problem, vor allem aus der sogenannten algebraischen Geometrie, ausgeführt von Mathematikern, die zu den berühmtesten ihrer Zunft zählen und doch der Öffentlichkeit weitgehend unbekannt geblieben sind, ließen die Spannung über ein Jahrhundert lang ansteigen, bis schließlich der achtundzwanzigjährige Deutsche Gerd Faltings 1983 die (1922 aufgestellte) Mordellsche Vermutung bewies, die in einem einzigen Spezialfall zur Folge hat, daß es für jedes n größer als zwei nur *endlich* viele Lösungen (wenn überhaupt welche) der Fermatschen Gleichung gibt. Endlich viele können aber Milliarden von Lösungen für jedes n bedeuten, was gemäß Fermats Behauptung nicht dasselbe ist wie gar keine. Auf dem Weg zu ihrem vollständigen Beweis klaffte also noch eine Lücke.

Mitte der achtziger Jahre machte sich der britische Mathematiker Andrew Wiles daran, diese zu schließen. Seit seiner Kindheit war er von Fermats letztem Satz geradezu besessen gewesen. Mehr als sieben Jahre lang versenkte er sich in seinem Büro auf einem Dachboden in abstrakte Grübeleien, ohne der Fachwelt von seinen einsamen Aktivitäten zu berichten.

Dann, im Juni 1993, ist es soweit. Wiles, an der Universität von Princeton in den Vereinigten Staaten tätig, wählt seine englische Heimatstadt Cambridge für einen dreitägigen Auftritt vor einigen Experten seiner Zunft. Titel des Vortrags: «Modular Forms, Elliptic Curves and Galois Representations». Kein Hinweis auf Fermats Satz. Die Gäste können zu Beginn nur spekulieren. Erst am Ende des dritten Tages schlußfolgert Wiles, er habe gerade einen allgemeinen Fall der Vermutung von Tanijama bewiesen, und bemerkt schließlich fußnotenartig, dies bedeute wohl, daß Fermats letzter Satz richtig sei. Q. E. D. – was zu beweisen war. Das ist die Bombe. Kurze Stille, dann Applaus, Kameras, Fragen und wieder Jubel in dieser historischen Stunde. Wiles, vierzig Jahre alt, ist mit einem Schlag berühmt. Wer eine jahrzehnte- oder jahrhundertealte Vermutung beweist, gleicht einem Astronauten, der als erster einen fremden Himmelskörper betritt.

Die Geschichte geht jedoch weiter. In den darauffolgenden Wochen werden mehrere kleine Fehler gefunden, die Wiles sofort korrigieren kann. Dann aber, im Herbst 1993, weist ein Fachlektor darauf hin, daß eine Behauptung nicht begründet sei, mitten im Beweis muß eine bestimmte Abschätzung validiert werden. Die Rechnung scheint zwar intuitiv richtig, doch damit ist sie noch keineswegs bewiesen. Die Lücke in Wiles' Argumentation entpuppt sich als vertracktes Problem – schöne Pleite! Erfolg und Scheitern liegen oft ganz nah beisammen. Wie viele haben zehn, zwanzig oder gar mehr Jahre ihres Lebens einer Beweisführung geopfert, die sich schließlich als Irrweg erwies!

Wiles kehrt in seine Dachkammer zurück und macht sich wieder an die Arbeit, unterstützt von Richard Taylor, einem seiner ehemaligen Studenten. Es geht um alles oder nichts. Zögernd und auf schmalem Grat sich mühsam vortastend, riskieren sie ständig den Sturz in einen Abgrund, aus dem es kein Zurück mehr gibt. Das Ziel klar vor Augen, versuchen sie alles aufzubieten, um eine begehbare Brücke zu schlagen. Angst und Spannung begleiten sie: Was werden sie als nächstes entdecken? Wird die Konstruktion halten oder zusammenbrechen wie die vorigen? Dieses «Alles oder nichts», das die unerbittlichen Anforderungen an einen Beweis illustriert, kann es so nur in der strengen Disziplin der Mathematik geben.

Ende 1994 ist die Gratwanderung schließlich geschafft, die Denklücke scheint behoben. Eine fast zehnjährige intensive Anstrengung mündet in einen über zweihundert Seiten füllenden Beweis. Darin vervollständigt Wiles eine Kette kühnster Ideen, die weit über den bewiesenen Satz hinausgehen und die innere Schönheit abstrakter Strukturen, abgeleitet aus den «gottgegebenen» natürlichen Zahlen 1, 2, 3 und so fort, offenbaren. Manche sehen dieses Werk als einen großen Schritt in Richtung einer *Grand Unified Theory of Mathematics* – einer grandiosen Universaltheorie, auf der alle Mathematik beruht.

Irrationale Zahlen und der Goldene Schnitt

Von den natürlichen zu den komplexen Zahlen: Skizze des Zahlenaufbaus

Auch die Mathematiker sehen die Menge der natürlichen Zahlen $N = \{1, 2, 3, \ldots\}$ beziehungsweise $N_0 = \{0, 1, 2, 3, \ldots\}$ als natur- oder gottgegeben an. Woher aber kommen all die weiteren Zahlenarten: negative ganze, gebrochene oder rationale, irrationale, reelle, komplexe und vielleicht noch weitere? Ganz einfach: Die weiteren Zahlenarten ergeben sich als Lösungen von Gleichungen. Betrachten wir die fünf einfachen Gleichungen mit der jeweiligen Unbekannten x:

(1) $x - 2 = 0$
(2) $x + 2 = 0$
(3) $2x - 1 = 0$
(4) $x^2 - 2 = 0$
(5) $x^2 + 1 = 0$

Die Lösung (x = …) der Gleichung (1), $x - 2 = 0$, ergibt sich, indem auf beiden Seiten der Gleichung die Zahl 2 addiert wird. Das Ergebnis ist $x = 2$, ganz sicher eine natürliche Zahl.

Analog resultiert die Lösung der Gleichung (2), x + 2 = 0, aus der Subtraktion der Zahl 2 auf beiden Seiten der Gleichung. Das Ergebnis, x = −2, ist jedoch keine natürliche Zahl mehr, $-2 \notin \mathbf{N}_0$. Es stellt sich nun die Frage, wie $\mathbf{N}_0$ erweitert werden muß, damit derartige Gleichungen darin eine Lösung haben. Die Antwort: Man ergänzt $\mathbf{N}_0$ durch alle negativen ganzen Zahlen und nennt die neu entstehende, umfangreichere Zahlenmenge die «Menge der ganzen Zahlen $\mathbf{Z}$»:

$$\mathbf{Z} = \{0, 1, -1, 2, -2, \ldots\} = \{\ldots, -2, -1, 0, 1, 2, \ldots\}$$

Die Gleichung (2) ist also in $\mathbf{N}$ beziehungsweise $\mathbf{N}_0$ nicht lösbar, wohl aber in $\mathbf{Z}$.

Für die Lösung der Gleichung (3), 2x − 1 = 0, fügt man zuerst auf beiden Seiten 1 hinzu: 2x = 1. Sodann werden beide Seiten der Gleichung durch 2 geteilt. Daraus folgt x = $^1/_2$, aber das ist keine ganze Zahl, $^1/_2 \notin \mathbf{Z}$. Wiederum stellt sich die Frage, wie $\mathbf{Z}$ denn erweitert werden müßte, damit derartige Gleichungen darin eine Lösung haben. Dadurch kommen alle Verhältniszahlen oder Brüche m / n mit n ≠ 0 in Betracht. Man nennt sie «Menge der rationalen Zahlen» und bezeichnet sie mit $\mathbf{Q}$. Also:

$$\mathbf{Q} = \{m/n \mid m, n \in \mathbf{Z}, n \neq 0\} = \{m/n \mid m \in \mathbf{Z}, n \in \mathbf{N}\}$$

Für n = 1 reduziert sich $\mathbf{Q}$ auf die Menge $\mathbf{Z}$.

Anmerkung: Bei den möglichen Brüchen m / n können wir unser Augenmerk «ohne Beschränkung der Allgemeinheit» auf *gekürzte* Brüche beschränken, da sich *jeder* Bruch, also auch ein ungekürzter, als gekürzter Bruch eindeutig schreiben läßt. Zum Beispiel ist $^2/_3$ *der* gekürzte Bruch, der all die (unendlich vielen) ungekürzten Brüche $^4/_6$, $^6/_9$, $^8/_{12}$ usw. eindeutig darstellt.

Die Gleichung (4), $x^2 − 2 = 0$, schreibt sich in einem ersten

Schritt $x^2 = 2$, das heißt $x \times x = 2$. Und dann weiter? Gibt es einen Bruch m/n mit natürlichen oder ganzen Zahlen m und $n \neq 0$, so daß $(m/n)^2 = 2$ beziehungsweise $m^2 = 2n^2$ gilt? Nein, diesen Bruch gibt es nicht! Das heißt aber, daß die Gleichung (4) keine Lösung in **Q**, also in rationalen Zahlen, hat. Diese Lösung, man nennt sie «Quadratwurzel von 2» und schreibt $\sqrt{2}$, ist *irrational*. (Der Irrationalitätsbeweis von $\sqrt{2}$ ist ein Hauptanliegen dieses Kapitels und wird auf Seite 54 dargestellt.) Das heißt wiederum, daß wir die Menge der Brüche **Q** um alle irrationalen Zahlen, die also keine Brüche sind, nochmals erweitern müssen. So gelangen wir zur Menge der reellen Zahlen **R**. Genaugenommen ist eine reelle Zahl wie $\sqrt{2}$ ein Hirngespinst. In der realen, physischen Welt werden wir nie unterscheiden können, ob die Länge eines Objekts wirklich $\sqrt{2}$ Meter beträgt oder nur 1,4142135 Meter (wobei die zweite, abbrechende Dezimalzahl einen Bruch darstellt). Die irrationale Zahl $\sqrt{2}$ erhält erst bei unendlicher Präzision ihre besondere Qualität, und die existiert nur in Gedanken. Immerhin ist **R** eine sehr, sehr umfangreiche Zahlenmenge, von der wir erwarten, daß in ihr alle möglichen und denkbaren Gleichungen eine Lösung besitzen. Aber weit gefehlt!

Man kann die Gleichung (5), $x^2 + 1 = 0$, auch in der Form $x^2 = -1$ oder $x \times x = -1$ schreiben. Was fällt uns dabei auf? Das Quadrat einer Zahl soll negativ sein. Das kann doch nicht sein! Zumindest nicht, wenn wir von reellen Zahlen sprechen. Denn wir haben wohl alle gelernt, daß jede negative reelle Zahl, mit sich selbst multipliziert, eine positive Zahl hervorbringt. «Minus mal minus ergibt plus.» Also hat die Gleichung (5) keine reelle Lösung – keine Lösung in **R**. Was bietet sich als Ausweg an? Richtig, wiederum eine Erweiterung. Um es kurz zu machen: Die so erweiterten Zahlen bilden die «Menge der komplexen Zahlen», die mit **C** symbolisiert wird. Ich komme darauf im Kapitel «Die Konstanten der Analysis: mystisch vereint» zurück.

Die Erweiterungen der Zahlenmengen kann man sich mit Hilfe folgender Mengendiagramme ($N_{(0)} \subset Z \subset Q \subset R \subset C$) merken:

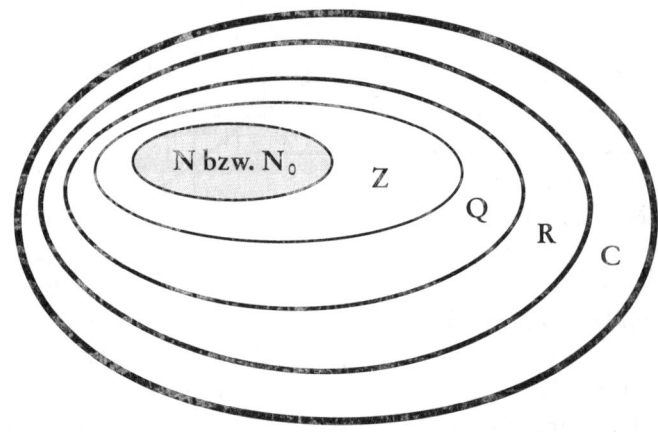

Jenseits der komplexen Zahlen **C** haben Mathematiker noch «Quaternionen» ersonnen – aber belassen wir es dabei.

Die Irrationalität von $\sqrt{2}$

Mit diesen Bestimmungen im Hinterkopf können wir an Euklids Beweis herangehen. Dazu verwenden wir die indirekte Beweisform, auch Widerspruchsbeweis genannt, die geradezu ein Paradebeispiel für einen indirekten Beweis ist. Die Beweisskizze: Aus der Annahme, $\sqrt{2}$ sei durch einen gekürzten Bruch p/q darstellbar, folgern wir logisch korrekt, daß p und q gerade sind, daß also p/q kein gekürzter Bruch ist. Das ist jedoch ein Widerspruch zur Annahme, womit diese nicht wahr sein kann. Daraus folgt aber: $\sqrt{2}$ ist *nicht rational* (was gleichbedeutend mit *irrational* ist).

Euklids Beweis

Angenommen, $\sqrt{2}$ sei rational und habe die Darstellung $\sqrt{2}$ = p / q, worin p und q ganz und teilerfremd sind.

Das Quadrieren beider Seiten ergibt $2 = p^2 / q^2$ (oder gleichwertig: $p^2 = 2q^2$).

Diese Gleichung zeigt, daß p eine ganze Zahl ist, deren Quadrat gerade ist. Das bedeutet jedoch, daß auch p selbst gerade sein muß (da andererseits das Produkt zweier ungerader Zahlen wieder ungerade ist). Folglich dürfen wir p in der Form einer allgemeinen geraden Zahl darstellen, p = 2k (mit einem geeigneten k), und finden nach Einsetzen in die obige Gleichung $p^2 = (2k)^2 = 2q^2$.

Ausmultiplizieren ergibt $4k^2 = 2q^2$; nach Kürzen durch 2 erhalten wir: $2k^2 = q^2$.

Diese Gleichung zeigt aber, daß auch q eine ganze Zahl ist, deren Quadrat gerade ist. Daher ist q ebenfalls gerade, und das widerspricht der Annahme, daß p und q teilerfremd sind. Damit ist die Behauptung jedoch bewiesen.

Elementargeometrische Deutungen

Für Leser, die mehr in räumlichen Kategorien denken, läßt sich dieses Resultat auch geometrisch interpretieren.

1) Diagonale des Einheitsquadrats

Eine Strecke des genauen Betrags von $\sqrt{2}$ stellt die Diagonale D des Einheitsquadrats dar. Für das Dreieck mit den zwei rechtwinkligen Seiten der Länge 1 und der Diagonalen D als Hypothenuse gilt der Pythagoreische Lehrsatz $1^2 + 1^2 = D^2$,

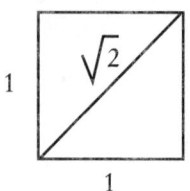

woraus sich sofort $D = \sqrt{2}$ ergibt. Ist die Seitenlänge eines beliebigen Quadrates ganzzahlig, kann seine Diagonale D nicht rational sein. Dadurch ist bei den pythagoreischen Tripeln keine Lösung (a, b, c) mit a = b möglich.

Den Tatbestand, daß die Diagonale eines Quadrats keinen rationalen Betrag ihrer Seite ausmacht, nennt man *Inkommensurabilität* (von Seite und Diagonale eines Quadrats).

2) Verhältnis zweier Quadrate aus ganzen Zahlen

Es gibt kein natürliches Quadrat, das die Hälfte oder das Doppelte eines anderen natürlichen Quadrats ist.

Dieser Sachverhalt läßt sich in geeigneter Weise verallgemeinern: Ist k selbst eine Primzahl, dann kann man die Irrationalität von $\sqrt{k}$ analog zu der von $\sqrt{2}$ zeigen.

Ist k dagegen keine Primzahl, dann betrachten wir ihre (eindeutige) Zerlegung in Primfaktoren: $k = a^{\alpha} b^{\beta} \ldots c^{\gamma}$.

$\sqrt{k} = \sqrt{a^{\alpha} b^{\beta} \ldots c^{\gamma}}$ kann nur dann rational sein (und damit gleich p/q), wenn *alle* Exponenten α, β, ..., γ gerade sind. Das bedeutet aber, daß nur in diesen Fällen das Verhältnis von Quadraten p^2 und q^2 ganz sein kann. Das naheliegendste Beispiel ergibt sich wohl für zwei Quadrate mit den Seitenlängen 2 und 1, denn $2^2 / 1^2 = {}^4/_1 = 4 = k$.

Der Goldene Schnitt

Den Griechen war nicht nur die Inkommensurabilität von Seite und Diagonale eines Quadrats so wichtig, sondern sie versuchten auch, Strecken nach einem allgemeinen Prinzip zu teilen, was dann ebenfalls zu Längen ohne gemeinsames Maß führte. Im zweiten Buch der «Elemente» des Euklid ist folgende Aufgabe formuliert: «Eine gegebene Strecke ist so zu teilen, daß das Rechteck aus der ganzen Strecke und dem einen Abschnitt dem Quadrat über dem anderen Abschnitt gleich ist.» Es ist das älteste mathematische Werk, in dem der Goldene Schnitt konstruiert wurde. Im Laufe der Zeit erhielt er zahlreiche Bezeichnungen: goldenes Verhältnis, *divina proportio* (göttliches Verhältnis), Teilung im äußeren und mittleren Verhältnis, *sectio proportionalis* (proportionale Teilung) usw. Heute wird er üblicherweise folgendermaßen definiert:

Eine Strecke AB werde durch einen Punkt P geteilt. Die Teilung erfolgt im Goldenen Schnitt, falls gilt:

$$AP/PB = AB/AP,$$

wenn sich also das größere Teilstück zum kleineren verhält wie die gesamte Streckenlänge zum größeren Teilstück.

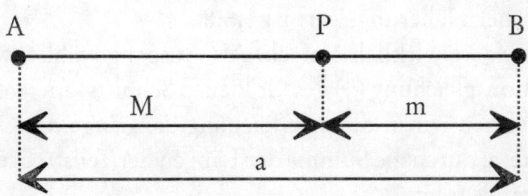

Setzen wir a = AB, M = AP und m = PB, dann teilt der Punkt P die Strecke AB im Goldenen Schnitt, falls

$a / M = M / m$ oder $am = M^2$ $\qquad$ (*)

gilt. Am letzten Ausdruck wird deutlich, daß die Lösung der eingangs zitierten Aufgabe von Euklid genau die Konstruktion des Goldenen Schnitts bedeutet. (Auf die konkrete Konstruktion gehe ich nicht ein.)

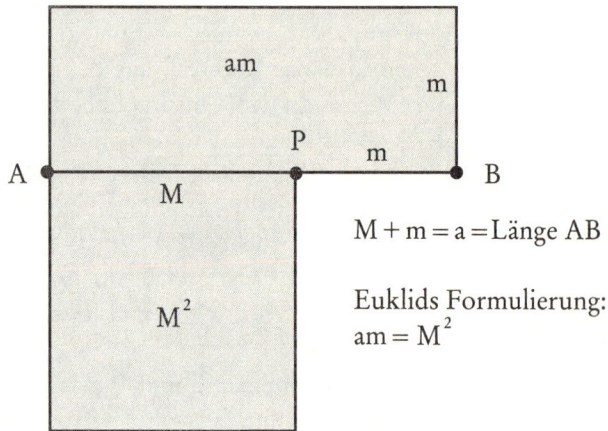

Es gilt der schöne Satz:

Ein Punkt P teilt genau dann die Strecke AB im Goldenen Schnitt, wenn das Verhältnis M / m den Wert $(1 + \sqrt{5}) / 2$ hat.

Das Verhältnis der beiden Längen M und m ist irrational, ein praktischer Näherungswert ist 1,618.

Der Beweis ist wirklich einfach. Als Ausgang wählen wir die Definitionsgleichung (*) des Goldenen Schnitts: $am = M^2$. Sodann ersetzen wir in dieser Gleichung die Länge der Gesamtstrecke, a, durch die Summe der Längen der Teilstrecken, M + m. Daraus folgt:

$$(M + m)m = M^2 \qquad (**)$$

Die Division beider Seiten durch m^2 ergibt: $M/m + 1 = (m/M)^2$. Diese Gleichung kann leicht in

$$(M/m)^2 - M/m - 1 = 0$$

umgestellt werden, und das ist eine einfache quadratische Gleichung in der Unbekannten M/m. Die Lösungen sind:

$$M/m = (1 \pm \sqrt{5})/2$$

Da die Teillängen M und m positiv sind, muß auch M/m positiv sein. Deshalb kommt als Lösung nur $M/m = (1 + \sqrt{5})/2$ in Frage. Somit teilt der Punkt P die Strecke AB genau dann im Goldenen Schnitt, wenn das Verhältnis M/m den angegebenen Wert hat.

Welchen Anteil an der Gesamtstrecke haben nun M und m, wenn diese nach dem Goldenen Schnitt geteilt ist? Die Gesamtstrecke, $a = M + m$, können wir gleich 1 setzen. Je nachdem, welche der beiden gleichwertigen Beziehungen $m = 1 - M$ oder $M = 1 - m$ wir in die Gleichung (**) (mit $a = 1$) einsetzen, folgt daraus jeweils eine quadratische Gleichung in M oder in m:

$$M^2 + M - 1 = 0 \text{ und } m^2 - 3m + 1 = 0$$

Aufgrund der Bedingungen $0 < M, m < 1$ hat jede dieser Gleichungen nur eine passende Lösung:

$$M = (-1 + \sqrt{5})/2 \text{ und } m = (3 - \sqrt{5})/2$$

Die Probe bestätigt sofort: $M + m = 1$. Übliche Näherungswerte für die Anteile von M und m an der Gesamtstrecke betragen zum Beispiel 0,618 und 0,382.

Der Goldene Schnitt ist ein universelles ästhetisches Prinzip und kann in Bereichen der Kunst wie Architektur, Bildhauerei, Malerei, Dichtung, Musik entdeckt werden. Auch in der Natur kommt er vor. Nicht zuletzt hat er in der Mathematik innige Beziehungen zum regulären Fünfeck, zu den Penrose-Parketten, zu den platonischen Körpern, den Fibonacci-Zahlen, den unendlichen Kettenbrüchen usw.

Einen tiefen und reizvollen Einblick in diese Beziehungen liefert das empfehlenswerte Buch «Der Goldene Schnitt» von Albrecht Beutelspacher und Bernhard Petri (1996). Der interessierte Leser findet dort auch ein sehr umfassendes Literaturverzeichnis.

The Spirit of π: Transzendenz pur

Durch die Jahrhunderte hat kaum eine Zahl die Aufmerksamkeit und die Phantasie der Menschen so gefesselt wie die *Kreiszahl* – die Verhältniszahl zwischen Umfang und Durchmesser eines beliebigen Kreises. Pi, symbolisch als π bekannt, ist nicht nur eine unendliche Dezimalzahl, sondern auch geheimnisvoll und faszinierend. David Blatner schreibt in seinem Kultbuch «The Joy of π»: «Probably no symbol in mathematics has evoked as much mystery, romanticism, misconception and human interest as the number pi.»

Die ersten 144 Dezimalstellen von π summieren sich zu 666. Andererseits ist 144 gleich $(6 + 6) \times (6 + 6)$. Symbolisiert 666 in der Schwarzen Magie nicht die Hölle? Auch das Glücksrad muß zwangsläufig mit π zu tun haben. Jedenfalls ergibt die Addition der Nummern des Roulette ebenfalls 666 und möglicherweise die Hölle für eine besondere Spezies von «Kreisquadrierern», die unaufhörlich nach Gewinnsystemen sucht und am Ende doch nur das «Prinzip der Impotenz» erfährt (Näheres dazu auf Seite 120).

Aber wenden wir uns, frei von metaphysischem Firlefanz, wieder den zahlentheoretischen Aspekten zu.

Die Näherungswerte für π im Laufe der Geschichte sind Legion:

• Vor viertausend Jahren gebrauchten die Babylonier $3\,1/_8$ und die Ägypter $^{256}/_{81} = 3{,}1605$ für π.

- Im dritten vorchristlichen Jahrhundert verwendete Archimedes ein reguläres 96-Eck, um $3\,^{10}/_{71} < \pi < 3\,^{1}/_{7}$ zu erzeugen.
- Im Jahre 1593 stellte François Viète π als erster durch ein unendliches Produkt dar.
- Weitere große Namen, die vom Ende des 16. bis ins 19. Jahrhundert hinein zur Geschichte von π Wesentliches beitrugen, waren Christiaan Huygens, John Wallis, Isaac Newton, Gottfried Wilhelm Leibniz, Leonhard Euler, Adrien Marie Legendre.

Genauigkeitswahn?

Vor allem mit Hilfe der Hochleistungscomputer wurde die Genauigkeit, und damit die Anzahl der Stellen hinter dem Komma, immer größer. Für Zahlenfetischisten gebe ich die ersten tausend Dezimalstellen von π an:

$\pi = 3,$

1415926535	8979323846	2643383279	5028841971	6939937510
5820974944	5923078164	0628620899	8628034825	3421170679
8214808651	3282306647	0938446095	5058223172	5359408128
4811174502	8410270193	8521105559	6446229489	5493038196
4428810975	6659334461	2847564823	3786783165	2712019091
4564856692	3460348610	4543266482	1339360726	0249141273
7245870066	0631558817	4881520920	9628292540	9171536436
7892590360	0113305305	4882046652	1384146951	9415116094
3305727036	5759591953	0921861173	8193261179	3105118548
0744623799	6274956735	1885752724	8912279381	8301194912
9833673362	4406566430	8602139494	6395224737	1907021798
6094370277	0539217176	2931767523	8467481846	7669405132

0005681271	4526356082	7785771342	7577896091	7363717872
1468440901	2249534301	4654958537	1050792279	6892589235
4201995611	2129021960	8640344181	5981362977	4771309960
5187072113	4999999837	2978049951	0597317328	1609631859
5024459455	3469083026	4252230825	3344685035	2619311881
7101000313	7838752886	5875332083	8142061717	7669147303
5982534904	2875546873	1159562863	8823537875	9375195778
1857780532	1712268066	1300192787	6611195909	2164201989

Tausend Stellen hinter dem Komma: Physikalisch betrachtet, stellt dies eine unvorstellbare, nie zu erreichende Präzision dar. Zwei kanadische Mathematiker, die Brüder Jonathan und Peter Borwein, haben bemerkt, daß 39 Dezimalstellen von π ausreichen, um den Umfang eines Kreises um das bekannte Universum mit einem Fehler zu berechnen, der kleiner ist als die Größe eines Wasserstoffatoms!

Aus Sicht der mathematischen Informatik aber handelt es sich nur um eine sehr bescheidene Genauigkeit. Im Laufe der letzten vierzig Jahre purzelten die Rekorde nur so. 1997 berechneten zwei Japaner der University of Tokyo über 51 Milliarden Stellen (genau 3×2^{34}) auf einem Supercomputer in etwas mehr als 29 Stunden. Vielleicht ist dieser Weltrekord jedoch inzwischen bereits wieder überholt.

Um sicherzugehen, daß die Dezimalstellen auch tatsächlich stimmen, müssen sie verifiziert werden; und das kann nur durch eine zweite Berechnung geschehen, die einen anderen Algorithmus verwendet. Trotz der sportlichen Note, die der Wettbewerb mit dem Einsatz der Supercomputer bekommt, sollte der tiefere Grund jedoch nicht in Vergessenheit geraten, daß nämlich dabei häufig wertvolle Forschung auf dem Gebiet der Programmierung betrieben wird.

Wir tasten uns behutsam an die Transzendenz heran

Wir wissen, daß rationale Zahlen Brüche sind, die in unserer Dezimalschreibweise entweder abbrechen ($1/_4 = 0{,}25$) oder periodisch sind ($1/_3 = 0{,}333$ ... mit der Periode 3; oder $22/_7 = 3{,}142857\,142857$ ... mit der Periode 142857). Auch wissen wir, daß $\sqrt{2}$ als eine Lösung von $x^2 - 2 = 0$ irrational, das heißt *kein* Bruch ist und daß ihre Dezimaldarstellung nicht periodisch ist. Und ferner wissen wir, daß die rationalen und die irrationalen Zahlen zusammen die reellen Zahlen bilden. Dennoch stellt sich folgende Frage:

Ergeben sich nun *alle* reellen Zahlen als Lösungen von «Polynomgleichungen» wie $x^2 - 2 = 0$? Unter einer *allgemeinen Polynomgleichung vom Grad n* versteht man dabei einen Ausdruck der Form

$$x^n + a_{n-1}\,x^{n-1} + \ldots + a_2\,x^2 + a_1\,x + a_0 = 0$$

oder kurz

$$\sum_{j=0}^{n} a_j x^j = 0, \quad a_n = 1$$

mit dem natürlichen Exponenten n ($\in \mathbf{N}$) und den rationalen Koeffizienten a_j ($\in \mathbf{Q}$). Anmerkung: Wir können den Koeffizienten a_n von x^n getrost gleich 1 setzen, denn wäre $a_n \neq 1$ (aber auch $\neq 0$), könnten beide Seiten der Gleichung durch a_n geteilt werden, wodurch die übrigen Koeffizienten a_j/a_n rational blieben – und $0/a_n = 0$. Der Fall $a_n = 0$ würde nur zu einem anderen höchsten Exponenten n* mit $a_{n^*} \neq 0$ führen.

Es hat sich gezeigt, daß nicht jede reelle Zahl r $\in \mathbf{R}$ einer so definierten Polynomgleichung genügt. Das führt zu einer grundlegenden Einteilung der reellen Zahlen: in *algebraische* Zahlen, die einer Polynomgleichung genügen, und in *tran-*

szendente Zahlen, für die das nicht gilt. (Die Mathematiker wären vielleicht besser beraten gewesen, die so definierten transzendenten Zahlen *transalgebraisch* zu nennen, um jede Assoziation mit dem metaphysisch Transzendenten zu vermeiden.)

Alle rationalen sowie gewisse irrationale Zahlen sind algebraisch, da sie sich als Lösungen von Polynomgleichungen ergeben können. Ein Beispiel für eine irrationale algebraische Zahl ist eben $\sqrt{2}$, die wir im letzten Kapitel als eine Lösung von $x^2 - 2 = 0$ erhalten haben.

Eine polynomiale Gleichung, die von π oder $e = 2,718\ldots$ (der «Basis der natürlichen Logarithmen», auch «Eulersche Zahl» genannt) erfüllt wird, war (und ist) nicht bekannt, was die Vermutung nahelegt, daß diese Zahlen nicht algebraisch sind. Andererseits waren in der Mathematik bereits bemerkenswerte Ausdrücke geläufig, wie etwa die Eulersche Formel $e^{\pi i} + 1 = 0$ (mit $i^2 = -1$ oder $i = \sqrt{-1}$, «imaginäre Einheit» genannt. (Die Eulersche Formel ist Gegenstand des nächsten Kapitels.) Voreilige Schlüsse waren also nicht am Platz.

Bis 1844 hat jedenfalls niemand gewußt, ob es überhaupt eine transzendente Zahl gibt, denn erst in jenem Jahr hat Joseph Liouville einen Satz bewiesen, nach dem sich algebraische Irrationalzahlen durch rationale Zahlen im allgemeinen *nicht* sehr gut approximieren lassen. Dadurch konnten andererseits spezielle irrationale Zahlen mit ungewöhnlich *guten* rationalen Approximationen konstruiert werden, die zwangsläufig transzendent sein müssen. Ein Beispiel stellt

1,1010010000010000000010000000000000000001…

dar, wo sich die Anzahl Nullen zwischen aufeinanderfolgenden Einsen mit jedem Schritt verdoppelt. Allerdings ist man damit noch weit vom Transzendenzbeweis für irgendeine «natürlich vorkommende» Zahl (wie π oder e) entfernt.

Wie sich aber herausgestellt hat, *sind* e und π transzendent: 1873 bewies Charles Hermite die Transzendenz von e, und Ferdinand Lindemann zeigte neun Jahre später die von π.

Der Satz «π ist transzendent» gilt als einer der schönsten. Dabei kommt ein Mathematikstudent während seines ganzen Studiums normalerweise kaum in die Verlegenheit, auch nur einen kniffligen Irrationalitätsbeweis für π oder e nachvollziehen zu müssen. Dennoch kann ich das Studium der Irrationalitätsbeweise von $π^2$ und e^r (für eine rationale Zahl $r \neq 0$) in Aigner / Ziegler (1998) nur empfehlen. Es ist ein hoher ästhetischer Genuß.

Winkelfunktionen und Potenzreihen für π

Den natürlichen Ausgangspunkt für die verschiedenen Berechnungen von π bilden die *trigonometrischen* Funktionen, auch Winkelfunktionen genannt, Sinus, Kosinus, Tangens und Kotangens, sowie ihre Umkehrfunktionen, die sogenannten *zyklometrischen* Funktionen, auch Arkusfunktionen genannt: Arcussinus und so weiter. Einige davon dürften aus dem Mathematikunterricht noch vage bekannt sein. Diese Funktionen werden *ganztranszendent* genannt, was bedeutet, daß ihre «Potenzreihenentwicklung» unendlich viele Glieder hat. Außerdem sind sie periodisch. Aber nun eins nach dem anderen.

Wenden wir uns zuerst den trigonometrischen Funktionen zu.

Betrachten wir einen Winkel α in der (euklidischen) Ebene. Legen wir seinen Scheitelpunkt auf den Nullpunkt eines rechtwinkligen Koordinatensystems. Ein Schenkel von α soll in die Richtung der positiven x-Achse fallen, der andere den Einheitskreis im Punkt P (mit den Koordinaten x, y) schneiden, wie auf folgender Abbildung dargestellt.

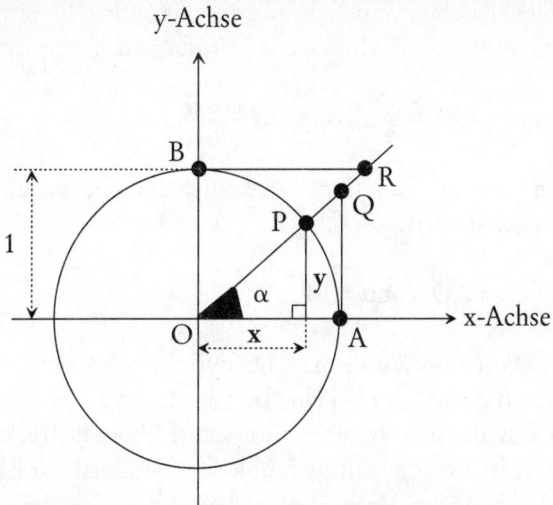

Die trigonometrischen Funktionen Sinus (sin) und Kosinus (cos) des Winkels α sind durch die Koordinaten von P(x, y) wie folgt definiert:

$$\sin \alpha = y, \cos \alpha = x$$

Daraus und aus der Tatsache, daß die Hypotenuse OP den Betrag 1 hat, folgt übrigens sofort der «trigonometrische Pythagoras»:

$$\sin^2 \alpha + \cos^2 \alpha = 1$$

Trägt man die Graphen der Funktionen sin und cos für alle möglichen Variablen in ein Koordinatensystem auf, dann erhält man jeweils die bekannten «Sinus-Wellen». (Übrigens: Die sogenannte Fourier-Analyse ist ein mathematisches Verfahren, mit dem komplexe periodische Funktionen in elementare Sinus- und Kosinusfunktionen zerlegt werden.)

Des weiteren werden die trigonometrischen Funktionen Tangens (tan) und Kotangens (cot) festgelegt:

$$\tan \alpha \ = \ \frac{\sin \alpha}{\cos \alpha}, \ \cot \alpha \ = \ \frac{\cos \alpha}{\sin \alpha}$$

Man kann die Funktionswerte tan α und cot α auch geometrisch deuten:

$$\tan \alpha = AQ, \ \cot \alpha = BR$$

(Ein Wort zum Winkelmaß. Den Winkel α können wir uns in Grad denken, wobei ein Grad als der 360. Teil des Vollwinkels, der sich also über die gesamte Ebene erstreckt, definiert ist. Anstatt mit dem üblichen Gradmaß zu hantieren, verwenden Mathematiker lieber das auf π bezogene *Bogenmaß*: Es ist die Länge des Bogens auf dem Einheitskreis, den der Winkel einschließt. Der Vollwinkel, der den gesamten Umfang des Einheitskreises einschließt, hat folglich das Bogenmaß 2π, denn im Ausdruck für den Umfang des Einheitskreises, $2 \times$ Radius $\times \pi$, hat der Radius definitionsgemäß die Länge 1.

Die Einheit des Winkels im Bogenmaß heißt «Radiant», abgekürzt: rad. 1 rad bezeichnet den Winkel, der aus dem Einheitskreis ein Bogenstück ausschneidet, dessen Länge gleich 1 [= Länge des Radius] ist. Der Vollwinkel [360 Grad, auch 360° geschrieben] hat, in Radiant gemessen, den Wert 2π rad. Beachten Sie aber, daß «rad» eigentlich keine echte Benennung darstellt, sondern nur eine Verhältniszahl.)

Die Funktionen sin und cos sind periodische Funktionen mit der Periode 2π; tan und cot haben die Periode π.

Diese Funktionen haben Potenzreihenentwicklungen, das heißt, sie können in der Form

$$\sum_{n=0}^{\infty} a_n x^n \quad \text{oder} \quad \sum_{n=0}^{\infty} a_n (x-b)^n$$

dargestellt werden. So haben die trigonometrischen Funktionen sin und cos folgende Potenzreihendarstellungen:

$$\sin x = x - \frac{x^3}{3!} + \frac{x^5}{5!} - \frac{x^7}{7!} + - \cdots$$

$$\cos x = 1 - \frac{x^2}{2!} + \frac{x^4}{4!} - \frac{x^6}{6!} + - \cdots$$

Die Umkehrfunktionen der trigonometrischen Funktionen, die «Arkusfunktionen» (oder auch «zyklometrischen Funktionen»), werden durch arcsin (lies: arcus sinus), arccos, arctan und arccot bezeichnet.

Beispiel: $\sin \pi = -1$; Umkehrung: $\arcsin(-1) = \pi$: Der Winkel, dessen Sinus -1 beträgt, hat den Betrag π (rad).

Diese zyklometrischen Funktionen besitzen ebenfalls Potenzreihenentwicklungen. Und hier wird es interessant, denn indem man immer mehr Terme berechnet, kann π durch spezielle Werte von Potenzreihen beliebig angenähert werden.

In der Mitte des 17. Jahrhunderts kamen die mächtigen Methoden der Analysis zur Anwendung, die zu einer Fülle von unendlichen Reihen führten, die gegen einen π enthaltenden Ausdruck konvergierten. Reihen, die solche Ausdrücke ergeben, können überraschende Eleganz aufweisen, wie etwa die folgende, die dem schottischen Mathematiker James Gregory zugeschrieben wird: Ausgehend von der Reihenentwicklung für den Arcustangens,

$$\arctan x = x - \frac{x^3}{3} + \frac{x^5}{5} - \frac{x^7}{7} + - \cdots$$

(die er im Jahre 1675 entdeckt hatte), erhielt er durch Einsetzen des Wertes $x = 1$ einen wichtigen Spezialfall, der es ihm erlaubte, $\pi/4$ zu approximieren:

$$\frac{\pi}{4} = 1 - \frac{1}{3} + \frac{1}{5} - \frac{1}{7} + \frac{1}{9} - + \dots$$

Eine andere schöne Formel ist

$$\frac{\pi - 3}{4} = \frac{1}{2\times3\times4} - \frac{1}{4\times5\times6} + \frac{1}{6\times7\times8} - + \dots$$

Und eine der schönsten dürfte die folgende sein:

$$\frac{\pi^2}{6} = \frac{1}{1^2} + \frac{1}{2^2} + \frac{1}{3^2} + \frac{1}{4^2} + \dots$$

Obwohl π die irregulärste Zahl ist, die man sich vorstellen kann (in ihrer Ziffernfolge ist kein regelmäßiges Muster zu finden, selbst wenn Millionen von Ziffern berücksichtigt werden), läßt sie sich durch Reihen von spektakulärer Einfachheit darstellen.

Potenzreihen sind unendliche Summen. Es gibt aber auch unendliche Produkte. Und auch die werden für die Berechnung von π herangezogen. Ebenfalls in der Mitte des 17. Jahrhunderts entwickelte John Wallis eine Formel mit einem unendlichen Produkt:

$$\frac{\pi}{2} = \frac{2}{1} \times \frac{2}{3} \times \frac{4}{3} \times \frac{4}{5} \times \frac{6}{5} \times \frac{6}{7} \times \dots$$

Diese und eine Fülle weiterer exotischer Formeln für die Berechnung der Kreiszahl π finden Sie in David Blatners «Pi – eine unendliche Geschichte».

Die Konstanten der Analysis:
mystisch vereint

Es gibt eine berühmte Formel, die Leonhard Euler in dieser Form 1748 entwickelt hat. Ihre Herleitung ist ein Ziel dieses Kapitels. Sie lautet:

$$e^{i\varphi} = \cos \varphi + i \sin \varphi$$

Setzen wir $\varphi = \pi$, ergibt sich (wegen $\sin \pi = 0$ und $\cos \pi = -1$):

$$e^{i\pi} = -1 \text{ oder } e^{i\pi} + 1 = 0$$

Elegant und kompakt, vereint diese Beziehung alle Grundkonstanten der Analysis und ist gleichermaßen für Mystiker, Wissenschaftler, Philosophen und Mathematiker voller Deutungsmöglichkeiten: Vielleicht ist sie die faszinierendste Formel aller Zeiten.

Doch um sie und ihre Elemente besser würdigen zu können, ist es ratsam, etwas mehr über zwei Dinge zu erfahren. Was hat es genauer erstens mit e und zweitens mit i auf sich (ihre Definition und Rolle)?

Was das Symbol i betrifft, so habe ich bereits im Kapitel über die irrationalen Zahlen gezeigt, daß verschiedene Zahlenbereiche erweitert werden müssen, um zu gewährleisten, daß gewisse Gleichungen eine Lösung erhalten. Insbesondere gilt dies für die Menge der reellen Zahlen **R**, damit man bei Gleichungen der Art $x^2 + 1 = 0$ eine Lösung erhält (Seite 53). Der erweiterte Bereich bildet die Menge der komplexen Zahlen **C**. Dies ist auch eine gute Gelegenheit, uns **C** (und die Rolle von i darin) etwas genauer anzusehen.

Zuvor wollen wir jedoch die Zahl e beziehungsweise die Funktion e^x (auch exp x geschrieben) kurz definieren.

Die Zahl e und die Exponentialfunktion e^x

Vielleicht ist einigen Lesern die Zahl e als die sogenannte *Basis des natürlichen Logarithmus* (oder als Formelelement für Zinseszinsrechnungen) aus dem Schulunterricht noch vage in Erinnerung. Wenn nicht, macht auch nichts. Ich definiere sie hier neu:

$$e = \lim_{n \to \infty} \left(1 + \frac{1}{n}\right)^n$$

Die Eulersche Zahl, wie sie auch genannt wird, ist irrational und sogar transzendent (wie π); ein Näherungswert mit zwölf Stellen hinter dem Komma: $e \approx 2{,}718281828459$.

Für reelle x gilt die entsprechende Darstellung der Exponentialfunktion

$$e^x = \exp x = \lim_{n \to \infty} \left(1 + \frac{x}{n}\right)^n$$

Natürlich besitzt sie eine Potenzreihenentwicklung (wie die Winkelfunktionen). Diese lautet:

$$e^x = \exp x = 1 + \frac{x}{1!} + \frac{x^2}{2!} + \frac{x^3}{3!} + \dots$$

(Die Exponentialfunktion ist übrigens die Umkehrfunktion der Logarithmusfunktion.)

Schrittweiser Aufbau der algebraischen Struktur von C

Zuerst **R**

Gemeinsam mit den üblichen Grundrechenarten sind uns die reellen Zahlen bestens vertraut. Die vier Grundrechenarten lassen sich sogar auf zwei reduzieren: Addition und Multiplikation. Denn die Subtraktion ist ja nichts anderes als die Addition einer negativen Zahl, und die Division (etwa durch 0,4) ist nichts anderes als die Multiplikation mit der inversen Zahl (nämlich mit $1/_{0,4}$ oder 2,5).

Geometrische Deutung: **R** als Gerade

Ein einfaches und vertrautes geometrisches Bild einer reellen Zahl ist nichts anderes als ein Punkt auf einer Geraden. Denken Sie sich eine Gerade, und wählen Sie auf ihr zwei Punkte – einen, den Sie «null» (0), und irgendwo rechts von ihm einen anderen, den Sie «eins» (1) nennen. Dadurch haben Sie auf der Geraden ein Streckenstück der Länge 1 bestimmt, und der Punkt «eins» stellt die reelle Zahl 1 dar. Auch jedes andere Streckenstück, zum Beispiel die Diagonale eines Quadrats mit der Seitenlänge 1, bestimmt eine reelle Zahl auf der Geraden. Sie brauchen das Streckenstück nur richtig darauf zu legen, und zwar das linke Ende auf den Punkt 0. Das rechte Ende des Streckenstücks markiert dann einen Punkt, der die reelle Zahl $\sqrt{2}$ (Quadratwurzel von 2) visualisiert. Jede reelle Zahl wird also durch einen Punkt der Geraden dargestellt. Umgekehrt veranschaulicht jeder Punkt der Geraden eine reelle Zahl. Die Gerade *ist* der «reelle Zahlenraum» **R**. Dies ist keineswegs eine genaue und erschöpfende Definition, sondern soll nur einen für unsere Zwecke ausreichend klaren Eindruck von einer reellen Zahl vermitteln.

Das kartesische Produkt A × B zweier Mengen A und B

Unter dem kartesischen Produkt A × B zweier Mengen A und B versteht man die Menge aller geordneten Paare (a, b), wobei a Element von A ist und b Element von B:

$$A \times B = \{(a, b) \,|\, a \in A \text{ und } b \in B\}$$

Diese kartesische Produktbildung läßt sich nach Bedarf auf beliebig viele Mengen erweitern: $A \times B \times C \times \ldots$

Wählt man für A und B jeweils $\mathbf{R}$, dann erhält man die Menge aller Paare (x, y) reeller Zahlen, $\mathbf{R} \times \mathbf{R}$, die auch kurz $\mathbf{R}^2$ heißt. Analog wird auch $\mathbf{R}^3 = \mathbf{R} \times \mathbf{R} \times \mathbf{R}$ gebildet, die Menge aller geordneten Tripel (x, y, z) reeller Zahlen, sowie ganz allgemein noch $\mathbf{R}^n = \mathbf{R} \times \mathbf{R} \times \ldots \times \mathbf{R}$, die Menge aller geordneten n-Tupel reeller Zahlen $(x_1, x_2, x_3, \ldots, x_n)$ mit $x_j \in \mathbf{R}$, $j = 1, 2, 3, \ldots, n$.

Wenn sich zum Beispiel ein Schneider Ihre Maße für einen Anzug oder ein Kleid geordnet aufschreibt, dann stellt dies nichts anderes dar als so ein n-Tupel, oder auch wenn eine Wetterstation die Komponenten (Lufttemperatur, Luftdruck, Luftfeuchtigkeit, Windstärke, Windrichtung usw.) als geordnetes n-Tupel periodisch über Funk absetzt.

Geometrische Deutung von $\mathbf{R}^2$ als Ebene

Wir haben $\mathbf{R}$ geometrisch als Gerade gedeutet. In ähnlicher Weise können wir das kartesische Produkt $\mathbf{R} \times \mathbf{R} = \mathbf{R}^2$ als Ebene interpretieren – als die kartesische Ebene mit ihren beiden zueinander senkrecht stehenden Achsen, auf denen man die Koordinaten x und y eines Punktes P(x, y) ablesen kann, die allen noch von der Schule her bekannt ist.

Addition und Multiplikation in $\mathbf{R}^2$

In der Menge $\mathbf{R}$ können wir addieren und multiplizieren. Und wie ist es in $\mathbf{R}^2$? Ist es möglich, die gewöhnlichen Verknüpfungen (+ und ×) in **R** auch sinnvoll auf **R**^{2} zu erweitern? Jawohl! Die Verknüpfungen ⊕ und ⊗ in **R**^{2} werden wie folgt durch die übliche Addition und Multiplikation in **R** definiert:

$$(a, b) \oplus (c, d) = (a + c, b + d)$$
$$(a, b) \otimes (c, d) = (ac - bd, ad + bc)$$

Die «reinen» reellen Zahlen sind genau die Zahlen (x, 0). Die komplexe Zahl (0, 1) wird «imaginäre Einheit» genannt und mit i bezeichnet. Für jede komplexe Zahl z = (x, y) heißt x ihr «Realteil» und y ihr «Imaginärteil». Unter Verwendung der imaginären Einheit i gilt:

$$z = (x, y) = x + iy$$

In der Darstellung z = x + iy dürfen wir sogar wieder die in **R** üblichen Grundrechenarten verwenden (denn ⊕ und ⊗ haben wir ja mit Hilfe der üblichen Grundrechenarten definiert). Berechnen wir nun i^2:

$$i^2 = i \otimes i = (0, 1) \otimes (0, 1) = (-1, 0) = -1$$

Von nun an können wir also, ohne uns zu schämen, $i = \sqrt{-1}$ schreiben (denn das Quadrat, das negativ ist, ist ja nicht eines einer reellen Zahl).

Des weiteren ist es leicht, die Gültigkeit der folgenden Ausdrücke zu bestätigen: $i^3 = -i$, $i^4 = 1$, $i^5 = i$, $i^6 = -1$, $i^7 = -i$, $i^8 = 1$ usw.

Die Festlegung der Rechenregeln in **R**^{2} beziehungsweise **C** hat zur Folge, daß die Systeme (**R**^{2}, ⊕, ⊗) und (**C**, ⊕, ⊗) die gleiche Struktur haben – sie sind «isomorph» (struktur-gleich).

Die geometrische Darstellung von **C** wird als die «Gauß-sche Zahlenebene» bezeichnet.

Komplexe Zahlen in Normalform

Stellen wir eine komplexe Zahl $z = (x, y) = x + iy$ einmal in der Gaußschen Zahlenebene dar:

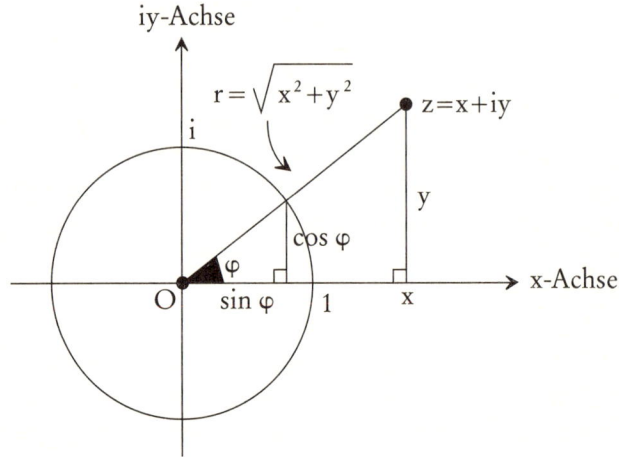

Auch kann die Zahl z eindeutig durch den Winkel φ, $-\pi < \varphi \leq \pi$ und durch den «Betrag» $|z| = r$ von z, das heißt durch den Abstand r vom Ursprung dargestellt werden, denn es gilt der Satz des Pythagoras: $r = |z| = \sqrt{x^2 + y^2}$.

Die «Polarkoordinaten» φ und r begründen die trigonometrische Darstellung einer jeden komplexen Zahl:

$$z = r(\cos \varphi + i \sin \varphi)$$

Wie nachfolgend mit Hilfe der Potenzreihen gezeigt wird, erhalten wir wegen $\cos \varphi + i \sin \varphi = e^{i\varphi}$ die «Normalform» der komplexen Zahl z:

$$z = re^{i\varphi},$$

die nicht nur sehr kompakt, sondern auch äußerst praktisch für Berechnungen ist.

Die Herleitung der schönsten Formel

Im vorherigen Kapitel habe ich die Potenzreihen der Winkelfunktionen angegeben. Hier sind sie noch einmal aufgeführt (in der Schreibweise sin φ und cos φ):

$$\sin \varphi = \varphi - \frac{\varphi^3}{3!} + \frac{\varphi^5}{5!} - \frac{\varphi^7}{7!} + - \dots$$

$$\cos \varphi = 1 - \frac{\varphi^2}{2!} + \frac{\varphi^4}{4!} - \frac{\varphi^6}{6!} + - \dots$$

Wir verwenden nun die Potenzreihe der Exponentialfunktion e^x, die auf Seite 72 steht, mit dem Argument x = iφ:

$$e^{i\varphi} = 1 + \frac{i\varphi}{1!} + \frac{(i\varphi)^2}{2!} + \frac{(i\varphi)^3}{3!} + \frac{(i\varphi)^4}{4!} + \dots$$

Vermöge $i^2 = -1$, $i^3 = -i$, $i^4 = 1$ usw. läßt sich diese Reihe leicht vereinfachen und nach Real- und Imaginärteil ordnen:

$$e^{i\varphi} = 1 - \frac{\varphi^2}{2!} + \frac{\varphi^4}{4!} - \frac{\varphi^6}{6!} + - \dots$$

$$+ \ i(\varphi - \frac{\varphi^3}{3!} + \frac{\varphi^5}{5!} - \frac{\varphi^7}{7!} + - \dots)$$

Im Realteil erkennen wir die Reihe für cos φ und im Imaginärteil diejenige für sin φ. Also gilt die Beziehung:

$$e^{i\varphi} = \cos \varphi + i \sin \varphi$$

Das ist die wunderbare Formel, die – obwohl andere Zeitgenossen (wie Abraham de Moivre und Roger Cotes) bereits früher ein ähnliches beziehungsweise fast das gleiche Resultat gefunden hatten – Leonhard Euler zugeschrieben wird.

Wie eingangs bereits ausgeführt, erhalten wir für $\varphi = \pi$ schließlich die Zauberformel, die die grundlegenden Konstanten der Analysis in sich vereint:

$$e^{i\pi} = -1 \text{ oder } e^{i\pi} + 1 = 0$$

Eine andere Formel, in der e und π (aber nicht i) vorkommen, ist die Dichtefunktion der Normalverteilung, der wir im Kapitel «Sätze und Gesetze, die den Zufall beherrschen» begegnen werden.

Vertrackte Gleichungen einerseits und abstrakte Spielereien nach logischen Regeln andererseits mögen historisch gesehen den Beginn der Beschäftigung mit komplexen Zahlen gebildet haben. Nach und nach ist so aber ein konsistentes Gedankengebäude entstanden, das Mathematikern (und in der Folge dann auch Physikern und Technikern) Instrumente an die Hand gab, mit deren Hilfe auch höchst konkrete Probleme gelöst werden konnten. Mathematiker sind geistige Werkzeugmacher. Zudem war seit der Mitte des 19. Jahrhunderts ein starker und ständiger Fortschritt der komplexen Analysis (in Analogie zur reellen Analysis) mit vielen weitreichenden Entwicklungen zu verzeichnen.

Wurde die Erfindung der komplexen Zahlen von früheren Kritikern, vor allem Philosophen, noch als «unmöglich» und «nutzlos» deklariert, so bildet sie heute das mathematische Rückgrat bei Anwendungen in Elektrotechnik, Aerodynamik, Flüssigkeitsmechanik und Quantentheorie.

Allerdings haben Generationen von Mathematikern, darunter die besten, jahrhundertelang in trüben Gewässern gefischt und in undurchdringlichen Nebeln herumgestochen – vor allem im Bereich der Algebra –, bis sich der Begriff der komplexen Zahl knapp und logisch einwandfrei darstellen ließ und sich die Fiktion der imaginären Zahlkomponente allmählich zur Realität mauserte.

Die Liste der Beispiele ehemals reiner Fiktionen, die heute konkrete und nützliche Anwendung erfahren, ist Legion. So gesehen, ist das intellektuelle Spiel mit Fiktionen eine der wirksamsten Formen des Vorausdenkens.

Der Fundamentalsatz der Algebra

Im Kapitel «The Spirit of π …» habe ich bereits den Begriff einer *allgemeinen Polynomgleichung vom Grad n* eingeführt, eine Gleichung der Form

$$P(x) = a_n x^n + a_{n-1} x^{n-1} + \ldots + a_2 x^2 + a_1 x + a_0 = 0, a_n \neq 0$$

oder kurz

$$P(x) = \sum_{j=0}^{n} a_j x^j = 0, a_n \neq 0$$

mit dem natürlichen Exponenten n ($\in$ **N**) und den rationalen Koeffizienten a_j ($\in$ **Q**).

Betrachten wir nun die folgenden konkreten Beispiele, wobei x eine reelle Unbekannte sein soll (x $\in$ **R**):

(1) $P_1(x) = x - 1 = 0$
(2) $P_2(x) = x^2 + 2x - 3 = 0$
(3) $P_3(x) = x^3 - 2x^2 - x + 2 = 0$
(4) $P_4(x) = x^4 - 4x^3 - 7x^2 + 10x = 0$
(5) $P_5(x) = x^5 - 3x^4 - 4x^3 + 12x^2 + 3x - 9 = 0$

Versuchen wir, die Nullstellen dieser Polynomgleichungen zu finden. Für Gleichung (1) ist dies überhaupt nicht schwer: x = 1, und somit ist $P_1(x = 1) = 1 - 1 = 0$.

Für die quadratische Gleichung (2) wäre es möglich, in einer Formelsammlung nachzuschlagen und die entsprechende Lösungsformel herauszusuchen. Gleichung (2) besitzt zwei Nullstellen: 1 und −3.

Bei den anderen Gleichungen könnte man raten und hoffen, dabei zufällig auf eine Nullstelle zu stoßen. Raten bedeutet hier «Raten mit System», das heißt verschiedene einfache Werte für x einsetzen und den entsprechenden Polynomausdruck ausrechnen. Ist eine Nullstelle gefunden, etwa x = 1, können wir den Faktor (x − 1) abspalten und im anderen Faktor weitersuchen (doch möchte ich hier keinen Kursus für die Lösungen solcher Gleichungen geben, statt dessen biete ich nachfolgend die linear zerlegten Polynome an, woraus sich die Lösungen unmittelbar ergeben).

(1') $\quad P_1(x) = x - 1 = 0$

(2') $\quad P_2(x) = (x - 1)(x + 3) = 0$

(3') $\quad P_3(x) = (x + 1)(x - 1)(x - 2) = 0$

(4') $\quad P_4(x) = x(x - 1)(x + 2)(x - 5) = 0$

(5') $\quad P_5(x) = (x + 1)(x - 1)(x + \sqrt{3})(x - \sqrt{3})(x - 3) = 0$

Fertigen wir für jedes Polynom eine Wertetabelle an und stellen seinen ungefähren Verlauf in ein kartesisches Koordinatensystem dar, so ergeben sich die folgenden graphischen Darstellungen.

Das Polynom $y = P_1(x)$ ist vom *ersten* Grad und sein Graph eine Gerade, die die x-Achse an *einer* Stelle, nämlich x = 1, schneidet.

Das Polynom $y = P_2(x)$ ist vom *zweiten* Grad (oder quadratisch) und sein Graph eine Parabel, die die x-Achse an *zwei* Stellen, nämlich x = −3 und x = 1, schneidet.

Das Polynom $y = P_3(x)$ ist vom *dritten* Grad (oder kubisch) und sein Graph eine Kurve, die die x-Achse an *drei* Stellen, nämlich x = −1, x = 1 und x = 2, schneidet.

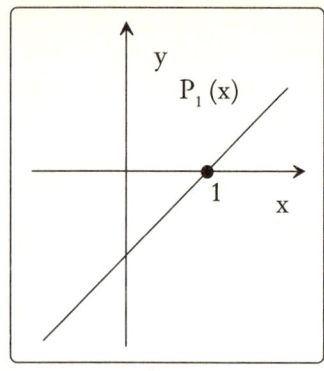

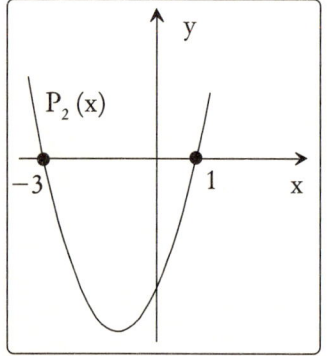

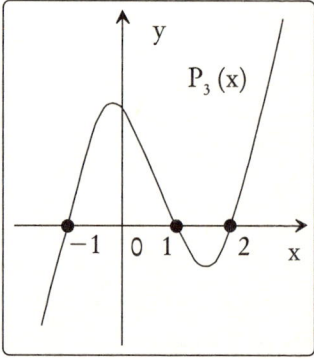

Auch für die beiden weiteren Polynome $P_4(x)$ und $P_5(x)$ gelten die entsprechenden Feststellungen.

Alle bisherigen Polynome vom Grade n haben genau n Nullstellen. Läßt sich diese Aussage verallgemeinern? Ja – und gerade das besagt der Fundamentalsatz der Algebra. Aber das heißt nicht, daß es immer auch Schnittstellen mit der x-Achse gibt. Nehmen wir noch einmal das Beispiel $P_2(x)$ und machen

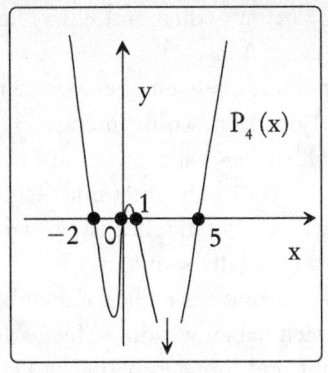 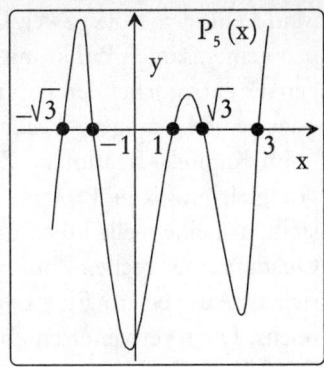

$$Q_2(x) = P_2(x) + 4 = x^2 + 2x + 1 = (x + 1)^2 = 0$$

daraus. Und schließlich

$$R_2(x) = P_2(x) + 5 = Q_2(x) + 1 = x^2 + 2x + 2 = 0$$

Die graphischen Darstellungen der Polynome $P_2(x)$, $Q_2(x)$ und $R_2(x)$ sind nach oben verschobene Parabeln:

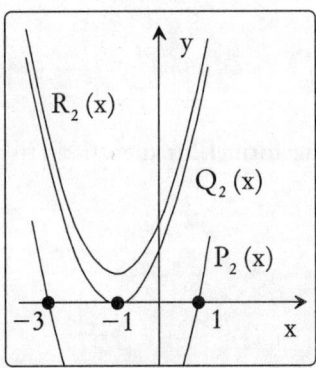

Man sieht, daß $P_2(x)$ zwei, $Q_2(x)$ nur einen und $R_2(x)$ keinen gemeinsamen Punkt mit der x-Achse haben. Also verfügen die entsprechenden Polynomgleichungen über zwei, eine oder keine Lösungen – *reelle* Lösungen, wohlgemerkt.

Im Kapitel «Irrationale Zahlen ...» haben wir die Polynomgleichung $x^2 + 1 = 0$ oder $x^2 = -1$ betrachtet und festgestellt, daß eine reelle Lösung $x \in \mathbf{R}$ nicht möglich ist, weil das Quadrat einer reellen Zahl nicht negativ sein kann. Was bot sich als Ausweg an? Eine Erweiterung des reellen Zahlenbereichs. Die so erweiterten Zahlen haben wir die «Menge der komplexen Zahlen $\mathbf{C}$» genannt und ihre geometrische Darstellung die «Gaußsche Zahlenebene». Die Elemente $z \in \mathbf{C}$ schreiben sich $z = x + iy$ mit $(x, y) \in \mathbf{R}^2$, wobei $i = \sqrt{-1}$ die imaginäre Einheit bezeichnet. Es gilt $i^2 = -1$.

Kehren wir zu den Polynomgleichungen $P_2(x) = 0$, $Q_2(x) = 0$ und $R_2(x) = 0$ zurück, und sehen wir uns ihre (reellen oder komplexen) Lösungen an. Wenn wir den reellen Parameter c einführen, ist es sogar möglich, alle drei Gleichungen zusammen, etwa unter der Bezeichnung $S_2(x, c) = 0$, zu behandeln,

$$S_2(x, c) = x^2 + 2x + c = 0$$

Bemühen wir nun die Lösungsformel für die quadratische Gleichung

$$ax^2 + bx + c = 0, a \neq 0$$

Die Lösungen lauten:

$$x_1 = \frac{-b + \sqrt{b^2 - 4ac}}{2a} \quad \text{und} \quad x_2 = \frac{-b - \sqrt{b^2 - 4ac}}{2a}$$

Auf die Gleichung $S_2(x, c) = x^2 + 2x + c = 0$ angewandt, entsteht:

$$x_{1,2} = \frac{-2 \pm \sqrt{4 - 4c}}{2} = -1 \pm \sqrt{1 - c}$$

Wir können drei Fälle unterscheiden:

1. Fall: $1 - c > 0$ oder $c < 1$. Wir erhalten zwei verschiedene, reelle Lösungen. Zu diesem Fall gehört die Polynomgleichung $P_2(x) = 0$.

2. Fall: $1 - c = 0$ oder $c = 1$. Hier «fallen die beiden Lösungen x_1 und x_2 zusammen». Das Ergebnis ist die reelle «Doppellösung» $x_{1,2} = -1$. Genau diesen Fall stellt die Polynomgleichung $Q_2(x) = 0$ dar.

3. Fall: $1 - c < 0$ oder $c > 1$. Der Ausdruck unter dem Zeichen der Quadratwurzel wird negativ. Es ergeben sich also keine reellen Lösungen. Vielmehr wird es jetzt notwendig, $i = \sqrt{-1}$ ins Spiel zu bringen und die Lösungen in der allgemeinen Form einer komplexen Zahl $z = a + ib$ zu schreiben:

$$z_{1,2} = -1 \pm i\sqrt{c - 1}$$

Hierher gehört die Polynomgleichung $R_2(x) = 0$. Setzt man die Lösungen in die Gleichung ein, wird diese bestätigt.

Ein Polynom n-ten Grades besitzt stets n Nullstellen, wobei diese auch komplex sein dürfen. Das ist die Aussage des Fundamentalsatzes der Algebra, den große Mathematiker wie Leonhard Euler und Joseph Louis Lagrange im 18. Jahrhundert vergeblich zu beweisen versucht hatten und dessen Beweis dem zwanzigjährigen Carl Friedrich Gauß im Jahre 1797 gelang.

Dieser Satz wird manchmal auch «Algebraischer Hauptsatz der komplexen Zahlen» genannt und wie folgt formuliert: Jedes Polynom positiven Grades mit komplexen Koeffizienten hat eine komplexe Nullstelle. Daraus folgt, daß jedes solche Polynom $P(z)$ genau n Nullstellen hat, z_1, z_2, ... und z_n, und daß es in n Linearfaktoren $z - z_j$ zerfällt (j = 1, 2, ..., n):

$$P(z) = (z - z_1)(z - z_2) \ldots (z - z_n)$$

Wegen dieser Eigenschaft nennt man **C** auch «algebraisch abgeschlossen». Da nicht jedes Polynom in **R** eine Nullstelle hat, besitzt **R** diese Eigenschaft nicht. Ein bekanntes Beispiel: $x^2 + 1$. Allerdings besitzt jedes Polynom vom Grade n mindestens eine *reelle* Nullstelle, falls n ungerade ist. Dies ist recht plausibel, wenn wir uns die graphischen Darstellungen der Polynome

$$y = P_1(x) = x - 1,$$
$$y = P_3(x) = x^3 - 2x^2 - x + 2 \text{ und}$$
$$y = P_5(x) = x^5 - 3x^4 - 4x^3 + 12x^2 + 3x - 9$$

ansehen. Denn einerseits hat jedes dieser Polynome für große negative x ein anderes Vorzeichen als für große positive x, und andererseits sind Polynome stetig, das heißt, ihre Werteveränderung macht keine Sprünge, wenn die x-Werte stetig verändert werden. Somit macht ihre graphische Darstellung auch nirgends einen Sprung über die x-Achse hinweg.

Es gibt viele verschiedene Beweise des Fundamentalsatzes der Algebra. (Allerdings gelingt der Beweis nicht auf rein algebraischem Wege. Er benötigt wichtige Hilfsmittel aus der komplexen Funktionentheorie.) Gauß selbst hat diesen Satz im Laufe seines Lebens noch dreimal bewiesen.

Der Fundamentalsatz der Algebra ist ein Existenzsatz, das heißt, er gewährleistet die Existenz der Lösungen für algebraische Gleichungen aller Grade. Er sagt aber nichts darüber aus, wie diese Lösungen konkret gefunden werden können. Bis zum 4. Grade können algebraische Gleichungen durch Radikale gelöst werden, doch konnte Niels Henrik Abel beweisen, daß sich algebraische Gleichungen 5. und höheren Grades nicht allgemein durch Radikale lösen lassen, und Évariste Galois hat gezeigt, unter welchen speziellen Bedingungen solche Lösungen dennoch möglich sind (siehe das Kapitel *Das Matrjoschka-Prinzip* in «Abenteuer Mathematik»).

Die Macht der Stetigkeit:
Fixpunktsätze

Der folgende Sachverhalt stammt aus der konkreten Welt und gibt Anlaß zu einer a priori nicht einsichtigen Behauptung. Ihren Beweis gewährleistet ein topologischer Satz, der Fixpunktsatz.

Am Montag morgen um sechs Uhr beginnt ein Bergsteiger mit dem Aufstieg auf einen Berg und erreicht mittags um zwölf den Gipfel. Den Abstieg beginnt er am Dienstag morgen um sechs und ist mittags um zwölf wieder unten. Mit der Frage, wie schnell oder wie gleichmäßig er an den beiden Tagen vorankommt, befassen wir uns nicht. Uns interessiert nur die folgende Behauptung: An beiden Tagen gibt es einen Zeitpunkt zwischen sechs Uhr morgens und zwölf Uhr mittags, zu dem der Bergsteiger genau auf derselben Höhe ist, egal wie er jeweils vorankommt. Wie könnten wir diese Behauptung beweisen?

Stellen Sie sich vor, Aufstieg und Abstieg werden von zwei Bergsteigern gleichzeitig vollzogen und bis ins Detail genau wiederholt. Beide beginnen ihren Marsch um sechs Uhr am Morgen desselben Tages, der eine unten, der andere oben am Gipfel, und jeder ahmt genau nach, wie der erste ursprünglich jeweils am Montag und Dienstag vorankam. Da sich beide Personen in entgegengesetzter Richtung bewegen, werden sie natürlich irgendwann (zwischen sechs und zwölf Uhr) auf gleicher Höhe sein. Da sie den Auf- und Abstieg nur reproduzieren, können wir sicher sein, daß unser erster Bergsteiger an den beiden Tagen zur gleichen Zeit auf der gleichen Höhe war.

Noch ein Beispiel. Es gibt zu jeder Zeit antipodische (genau gegenüberliegende) Punkte auf der Erde, die die gleiche Temperatur und den gleichen Luftdruck haben. Diese Punkte sind ständig in Bewegung, und obwohl wir sie gar nicht aufspüren wollen, läßt sich beweisen, daß sie immer existent sind. Hier handelt es sich nicht um ein meteorologisches, sondern um ein mathematisches Phänomen.

Um mit den *speziellen* Elementen eines Beispiels zurechtzukommen, muß man eine Weile hin und her überlegen, bis man eine Beweisidee hat. Das möchte sich der Mathematiker aber ersparen. Sein Ziel ist es vielmehr, von Besonderheiten *abzusehen* (das ist der *Abstraktions*prozeß) und einen künstlichen Sachverhalt zu schaffen, in dem dann relevante Aussagen formuliert und bewiesen werden können. Ein zentraler Aspekt in der Mathematik ist die Denkökonomie, die auf diese Weise «Wissen auf Vorrat» darstellt. Bloß nicht bei jedem Problem das Rad neu erfinden! Vielleicht gibt es bereits einen Sachverhalt, der die Lösung liefert?

So geht man auch in den eingangs beschriebenen Fällen vor. Ihr gemeinsamer Hut ist die sogenannte «Fixpunkttheorie». Um zu veranschaulichen, was gemeint ist, greife ich eine einfache Fassung eines geeigneten Fixpunktsatzes heraus.

Bildet man das komplette Intervall $I = [0, 1] = \{x \mid 0 \leq x \leq 1\}$ reeller Zahlen vermöge einer *stetigen* Transformation (Abbildung, Funktion) T auf sich selbst ab, symbolisch $T: I \to I$ (dabei gilt $T[I] \subseteq I$), dann gibt es (mindestens) einen Punkt x^*, der auf sich selbst abgebildet wird: $T(x^*) = x^*$. Dabei heißt x^* «Fixpunkt» der Transformation. Ein Fixpunkt ist somit ein Punkt, der durch die Abbildung nicht verändert wird.

Sehen wir uns eine derartige graphische Darstellung in der Ebene, spezieller im Einheitsquadrat, an.

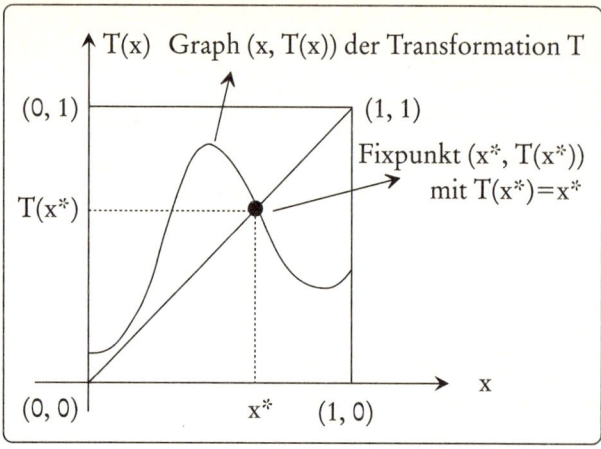

Eine wesentliche Voraussetzung ist die Stetigkeit. Sie besagt, daß die Transformation keine Sprünge machen darf, daß es also möglich sein muß, die Kurve – als graphische Darstellung der Abbildung – durchgehend zu zeichnen.

Man beachte, daß der Fixpunkt von T notwendigerweise der Schnittpunkt des Graphen von T mit dem der Diagonalen D: x → x oder D(x) = x (für alle x) ist, denn die Diagonale repräsentiert ja gerade die Menge aller möglichen Fixpunkte.

Oft wird auch die «zweidimensionale» Variante des Satzes zitiert: *Jede stetige Abbildung der abgeschlossenen Einheitskreisscheibe in sich hat einen Fixpunkt.* Doch greifen wir auf das «eindimensionale» Beispiel T: I → I zurück. Die Stetigkeit ist wesentlich und war daher eine explizite Forderung.

Ist die Abbildung T nicht stetig, so gibt es nicht zwangsläufig einen Fixpunkt. Zum Beispiel T: I → I mit

$$T(x) = 0{,}8 \text{ für } 0 \le x < 0{,}5 \text{ und } T(x) = 0{,}2 \text{ für } 0{,}5 \le x \le 1$$

An der Stelle x = 0,5 macht die Funktion T einen Sprung und ist daher dort nicht stetig. T besitzt keinen Fixpunkt.

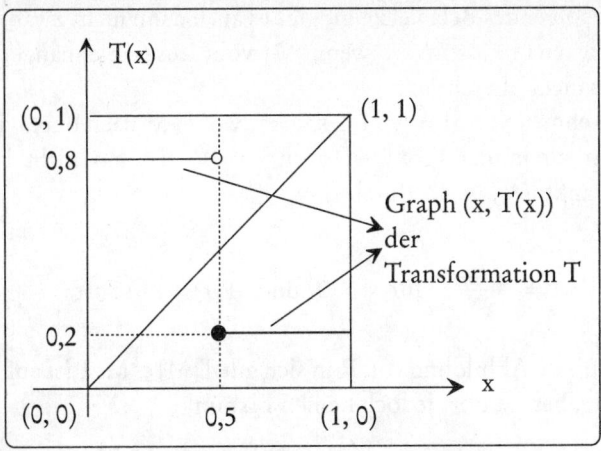

Nehmen wir als Definitionsbereich der Transformation nicht mehr das Einheitsintervall I = [0, 1], sondern eine beliebige Teilmenge M der reellen x-Achse **R**, M ⊆ **R**, und betrachten stetige Abbildungen T von M in sich, T[M] ⊆ M. Dann ist es erstaunlich, welche Bedingungen an M gestellt werden müssen, damit es einen Fixpunkt gibt.

Besteht M = A ∪ B aus zwei Intervallen A = [−2, −1] und B = [1, 2] (die also zum Nullpunkt symmetrisch sind und wobei 0 ∉ M gilt), so ist eine Spiegelung am Nullpunkt sicher eine stetige Abbildung von **R** in sich mit T[M] ⊆ M. T besitzt aber keinen Fixpunkt in M. Daraus ergibt sich die Forderung, daß M «zusammenhängend» sein muß, also nicht aus disjunkten (unzusammenhängenden) Teilmengen bestehen darf.

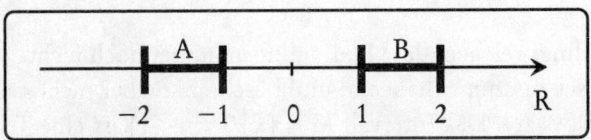

Wie folgendes Beispiel zeigt, gibt es auch dann nicht zwangs-läufig einen Fixpunkt, wenn M wohl zusammenhängend, aber nicht «beschränkt» ist.

Nehmen wir M = {x | 1 ≤ x < ∞}, wobei M nach oben, das heißt zu immer größeren positiven Werten hin nicht be-schränkt ist. Für die durch

$$T(x) = \frac{x^2 + 1}{x} \text{ für } x \neq 0 \text{ und } T(x) = 0 \text{ sonst}$$

definierte Abbildung von **R** in sich gilt T[M] ⊆ M. T ist auf M stetig, besitzt dort jedoch keinen Fixpunkt.

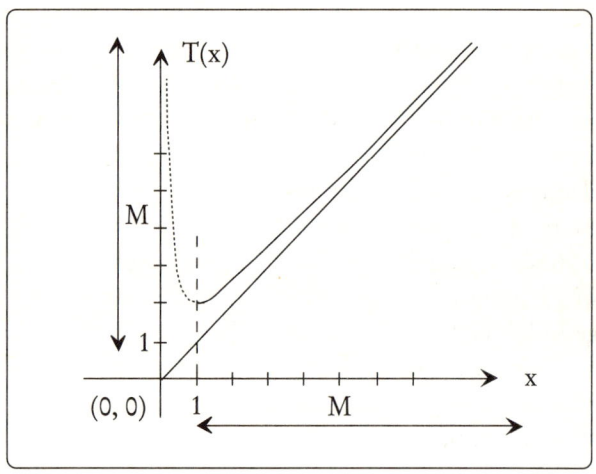

Allerdings reichen diese Bedingungen immer noch nicht.

M sei zusammenhängend und beschränkt, aber nicht «ab-geschlossen». Das Intervall M = {x | 0 < x < 1} ist eine Teil-menge von **R**, die «offen» ist – im Gegensatz zum Intervall

$I = [0, 1] = \{x \mid 0 \le x \le 1\}$, das abgeschlossen ist, das heißt den «Rand» mitenthält. Für die durch

$$T(x) = x^2$$

definierte stetige Abbildung von **R** in sich gilt $T[M] \subseteq M$. Auch hier besitzt T in M keinen Fixpunkt.

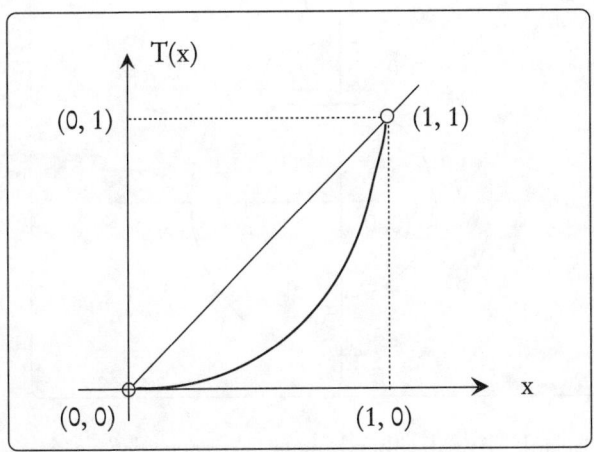

Weiter oben habe ich auch die «zweidimensionale» Variante des Satzes zitiert: *Jede stetige Abbildung der abgeschlossenen Einheitskreisscheibe in sich hat einen Fixpunkt.*

Die Bedingung, «M ist eine zusammenhängende, beschränkte und abgeschlossene Teilmenge des **R**^{n}», ist nur im **R**^{1} hinreichend für die Existenz eines Fixpunktes x^* einer stetigen Abbildung T: M → M. Wie folgendes Beispiel zeigt, muß die Zusammenhangsbedingung im Fall $n \ge 2$ verschärft werden. Es sei $0 < r < R$ und M bezeichne den durch

$$\{(x, y) \in \mathbf{R}^2 \,|\, r^2 \le x^2 + y^2 \le R^2\}$$

definierten Kreisring und T eine (stetige) Drehung des $\mathbf{R}^2$ um den Nullpunkt. T läßt die Menge M dann zwar invariant, besitzt dort jedoch keinen Fixpunkt, wenn der Drehwinkel φ verschieden von einer Anzahl ganzer Umdrehungen ist, also $\varphi \ne 2k\pi$ ($k \in \mathbf{Z}$).

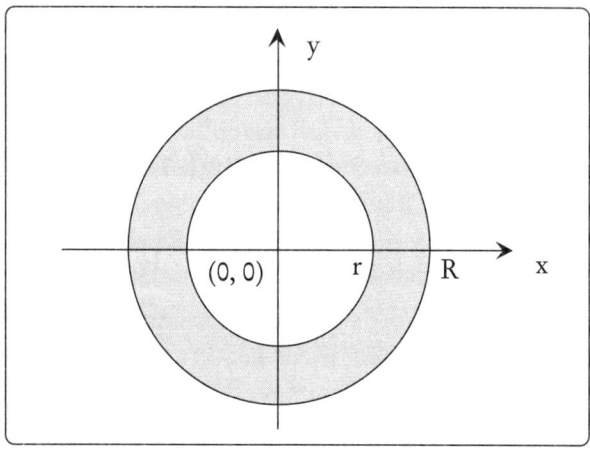

Das Beispiel läßt darüber hinaus erkennen, daß es sinnvoll sein wird, die Konvexität (siehe Seite 35) von M zu fordern.

In der Vergangenheit wurden zahlreiche Fixpunktsätze bewiesen, einige unter spezielleren, andere unter schwächeren (das heißt allgemeineren) Voraussetzungen: Dazu gehören unter anderem diejenigen von Banach, Brouwer, Schauder und Tychonoff.

Fixpunktsätze sind einerseits zentrale Aussagen über *stetige* Abbildungen. Von daher sind sie, nach mathematisch-strukturellen Gesichtspunkten, *topologischer* Natur. Andererseits gehört die Konvexität der Menge M zu den wesentlichen Voraussetzungen eines Fixpunktsatzes, und das ist eine Eigenschaft, die zur *linearen* oder Vektorraumstruktur gehört. (Das wirft natürlich auch die Frage nach der *Strukturierbarkeit* im Bourbakischen Sinne auf.) «Ideal» wäre ein Fixpunktsatz, bei dem stetige Abbildungen in *beliebigen* topologischen Räumen betrachtet werden, wobei man die Konvexität der Teilmenge M durch geeignete, rein topologische Eigenschaften ersetzen müßte. (Im n-dimensionalen reellen Zahlenraum $\mathbf{R}^n$ sind die für die Fixpunktsätze notwendigen Grundstrukturen vorhanden: die lineare oder Vektorraumstruktur und die topologische Struktur der offenen Teilmengen. Obendrein sind diese Grundstrukturen kompatibel.)

Warum nimmt die Fixpunkttheorie eine solch wichtige, zentrale Rolle ein? Zum einen sicher, weil der Stetigkeit eine so wichtige Bedeutung zukommt: «Natura non facit saltus», postulierte Leibniz, die Natur macht keine Sprünge. Zum anderen aber, und dieses soll im folgenden Abschnitt mit Hilfe einiger Beispiele skizziert werden, weil die Fixpunkttheorie ein einheitliches Licht auf verschiedene Aspekte der Gleichungslehre wirft.

Fixpunkttheorie als einheitliche Gleichungslehre

Vorerst die Formulierung von ein paar bekannten Aufgaben, die keine Gemeinsamkeiten zu haben scheinen.

(1) Der Wert von $\sqrt{a}$ ($a \in \mathbf{R}$, $a > 0$) soll numerisch berechnet werden.

(2) Gegeben ist eine reelle Funktion f: $\mathbf{R} \to \mathbf{R}$. Gesucht sind Nullstellen von f, das heißt Lösungen der Gleichung $f(x) = 0$.

Und nun zwei weitere Aufgaben für Fortgeschrittene (oder Unerschrockene):

(3) A bedeute eine n-reihige quadratische Matrix mit reellen Elementen und nichtverschwindender Determi-

nante. Ferner sei $x \in \mathbf{R}^n$ und $b \in \mathbf{R}^n$. Aufgabe ist die Berechnung der (eindeutig existierenden) Lösung des linearen Gleichungssystems $Ax = b$.

(4) Gegeben ist eine stetige Funktion $f: \mathbf{R}^2 \to \mathbf{R}$. Gesucht sind differenzierbare Funktionen $y: \mathbf{R} \to \mathbf{R}$, die das «Anfangswertproblem»

$$y' = f(x, y); \quad y(x_0) = y_0$$

lösen.

Anmerkungen zu den Aufgaben:

Zu (1): Die zu lösende Gleichung $x^2 = a$ wird durch die äquivalente Gleichung

$$x = \frac{1}{2} \left(x + \frac{a}{x} \right)$$

ersetzt. Ein praktisches Verfahren zur Berechnung von $\sqrt{a}$ besteht dann darin, ausgehend von einem Näherungswert x_0 (> 0), eine gegen $\sqrt{a}$ konvergierende Zahlenfolge $\{x_n\}$ durch die Iterationsvorschrift

$$x_{n+1} = \frac{1}{2} \left(x_n + \frac{a}{x_n} \right), \quad n = 0, 1, 2, \ldots$$

zu konstruieren. Die Vorteile liegen auf der Hand: Sehr rasche («quadratische») Konvergenz, und das Verfahren ist selbstkorrigierend, das heißt, ein einmaliger Rechenfehler beeinflußt das Endergebnis nicht. Vermöge einer bequemen Fehlerabschätzung ($\sqrt{a}$ liegt stets zwischen x_n und a/x_n) ist eine permanente Rechenkontrolle möglich.

Zu (2): Unter der Annahme, daß f differenzierbar sei und $f'(x) \neq 0$ gelte, kann die Gleichung $f(x) = 0$ durch die äquivalente Gleichung

$$x = x - \frac{f(x)}{f'(x)}$$

ersetzt werden. Unter zusätzlichen Voraussetzungen an f und bei geeigneter Wahl des Anfangswertes x_0 konvergiert die durch

$$x_{n+1} = x_n - \frac{f(x_n)}{f'(x_n)}, \ n = 0, 1, 2, \ldots$$

definierte Iterationsfolge dann wieder sehr rasch gegen eine Lösung x^* der Gleichung $f(x) = 0$ (Newtonsches Näherungsverfahren).

Auch die Aufgaben (3) und (4) lassen sich als Probleme der Fixpunkttheorie deuten und führen zu praktischen Lösungsverfahren der numerischen Mathematik. Für die Lösung linearer Gleichungssysteme führt Aufgabe (3) etwa zum Gauß-Seidelschen Iterationsverfahren. Das Anfangswertproblem (4) kann auch in Form einer Integralgleichung formuliert werden:

$$y(x) = y_0 + \int_{x_0}^{x} f(t, y(t))dt$$

Diese Beziehung ist Ausgangspunkt einer ganzen Klasse von Verfahren zur numerischen Behandlung von Differentialgleichungen; das Integral wird dabei durch Näherungsformeln ersetzt.

Es gibt eine Fülle von weiteren Problemen der klassischen Mathematik, die sich in ähnlicher Weise als spezielles Fixpunktproblem interpretieren lassen. Von besonderem Interesse ist zum Beispiel die aufgrund ihres Umfanges schon fast eine selbständige Disziplin darstellende «Spektraltheorie», die als Fixpunkttheorie für eine parameterabhängige Schar von Abbildungen aufgefaßt werden kann. (Dabei hat insbesondere die Spektraltheorie für stetige, lineare Abbildungen in sogenannten Hilbert-Räumen fundamentale Bedeutung für die mathematische Physik und Quantenmechanik gewonnen.)

All diese Erkenntnisse und Einsichten legen nahe, von den speziellen und oft sehr komplizierten Fragestellungen zu abstrahieren und ganz allgemein zu untersuchen, welche Kriterien ein Raum X und eine Abbildung $T: X \to X$ erfüllen müssen, damit ein Fixpunkt $x^* \in X$ existiert.

Ist der Vierfarbensatz
wirklich schön?

Eines Tages im Oktober 1852, kurz nach Beendigung seines Studiums am University College in London, war der junge Mathematiker Francis Guthrie damit beschäftigt, eine Landkarte der englischen Grafschaften zu kolorieren. Grafschaften mit einer gemeinsamen Grenzlinie sollten dabei jeweils verschieden eingefärbt werden. Plötzlich kam ihm der Gedanke, daß die *maximale* Anzahl von Farben, die nötig ist, eine *beliebige* Landkarte zu kolorieren, allem Anschein nach vier betragen müsse. Es gelang ihm jedoch nicht, diese Vermutung zu beweisen. Er schrieb an seinen Bruder Frederick, einen Physikstudenten am University College, der das Problem wiederum seinem Mathematikprofessor, dem großen Augustus de Morgan, unterbreitete.

Dieses Problem wurde berühmt und berüchtigt, weil es sich als diejenige offene Frage in der Mathematik herausstellen sollte, die am anschaulichsten zu formulieren, aber am schwersten zu beantworten war. Trotz seiner allgemeinen Bekanntheit liegt das Vierfarbenproblem nicht wirklich im Hauptstrom der Mathematik. Es ist eher eine Ordnungsübung. Seine Lösung verdient aber dennoch Interesse, weil sie einige neuartige Ideen eingebracht hat und vor allem ein neues Licht auf den Begriff des mathematischen Beweises wirft.

Wie die folgende Landkarte zeigt, gelingt der Beweis, daß *mindestens* vier Farben notwendig sind, um eine beliebige Landkarte einzufärben, sehr schnell, wenn man sich ein Beispiel vor Augen führt, das mit drei Farben nicht auskommt.

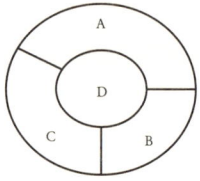

Guthrie und de Morgan gelang es auch, zu beweisen, daß es unmöglich ist, fünf Länder auf einer Karte so zu positionieren, daß jedes mit jedem der vier anderen eine gemeinsame Grenzlinie besitzt. Auf den ersten Blick könnte dies als Beweis dafür gelten, daß vier Farben stets ausreichend sind. Bei genauerer Betrachtung handelt es sich jedoch keineswegs um einen gültigen Schluß, denn die Anzahl der erforderlichen Farben muß *nicht* der höchsten Zahl der aneinandergrenzenden Länder entsprechen. Sehen wir uns dazu folgendes Kartenbeispiel an.

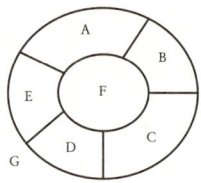

In dieser Karte gibt es keine Konfiguration, in der jedes von vier Ländern eine gemeinsame Grenzlinie mit jedem der drei anderen besitzt. Trotzdem kann man die Karte nicht mit drei Farben kolorieren. Also entspricht die Anzahl der erforderlichen Farben *nicht* der höchsten Zahl der aneinandergrenzenden Länder. Auf genau diesem Fehlschluß beruhen viele der zahlreichen falschen Beweise der Vierfarbenvermutung, die zwischen 1852 und 1976 (dem Jahr der Lösung des Problems) veröffentlicht wurden.

Das Unterfangen, die Vierfarbenvermutung zu beweisen, gestaltet sich vor allem deshalb so überaus schwierig, weil sie *alle erdenklichen* Landkarten betrifft. Das Wissen, daß in Tausenden von konkreten Landkarten nie mehr als vier Farben benötigt wurden, nützt nicht das geringste, da man ja immer noch eine Karte finden könnte, die fünf Farben benötigt – wenn vielleicht auch erst in fünftausend Jahren. Gefordert ist vielmehr eine Beweisführung, die *alle* Fälle nachvollziehbar abdeckt. Die spezielle Gestalt der Länder spielt dabei keine Rolle, sondern nur ihre Lagen im Raum. Insofern ist die Vierfarbenvermutung in der Tat ein Problem der Topologie. Zum Beispiel sind die folgenden drei Landkarten topologisch äquivalent:

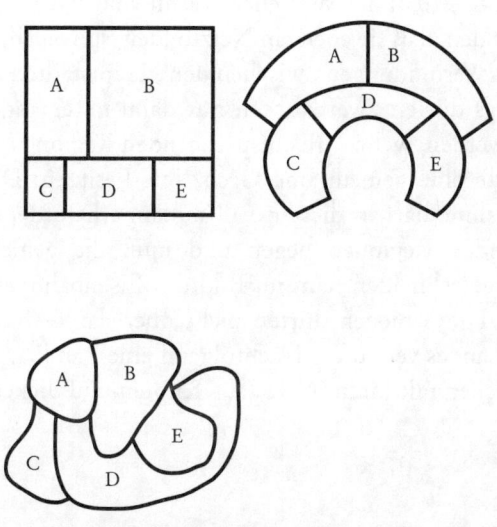

Sosehr man sich über hundert Jahre lang bemüht hat, die Vermutung zu beweisen oder aber durch ein Gegenbeispiel, das fünf Farben erforderte, zu widerlegen: es ist nicht gelungen.

Im Laufe der Zeit untersuchten das Vierfarbenproblem zahlreiche Mathematiker – und noch viel mehr Amateure. Beim Versuch, es zu lösen, wurden Methoden entwickelt, die fast eigenständige Gebiete innerhalb der Topologie begründeten, zum Beispiel die Theorie der Netzwerke oder die Graphentheorie.

In der Tat konnte das Vierfarbenproblem für Landkarten auf ein Netzwerkproblem zurückgeführt werden, das etwas leichter zu handhaben war. Dazu ordnet man jeder Landkarte ein Netz wie folgt zu: In jeder Region der Karte wird ein Punkt markiert, der einen *Knoten* innerhalb des Netzes darstellt. Man könnte sich diese Punkte als die Hauptstädte der jeweiligen Länder vorstellen. Dann sind die Knoten so zu verbinden, daß sie eben ein Netz bilden, so wie ein Eisenbahnnetz Verbindungen zwischen den Hauptstädten schafft. Allerdings dürfen zwei Knoten nur dann miteinander verknüpft werden, wenn ihre entsprechenden Regionen auf der Landkarte eine gemeinsame Grenzlinie besitzen. Die Verbindungslinie darf in diesem Fall nur innerhalb der beiden betreffenden Regionen liegen und muß die gemeinsame Grenzlinie schneiden. Um im Bild des Eisenbahnnetzes zu bleiben: Die Schienen dürfen nicht über das Gebiet eines dritten Landes verlaufen. Nachfolgend eine Landkarte ohne und daneben mit ihrem Netz (aus Knoten und dickeren Linien):

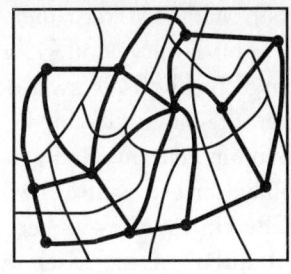

Wir können das Vierfarbenproblem nun für das Netzwerk umformulieren: Die Knoten des Netzes sollen so koloriert werden, daß zwei beliebige miteinander verbundene Knoten verschiedenfarbig sind. Wenn alle Netze auf diese Weise mit vier Farben angemalt werden können, dann gilt dies auch für alle Landkarten und umgekehrt. Die beiden Formulierungen des Vierfarbenproblems stellen also vollkommen äquivalente Versionen des Problems dar, wobei es sich als einfacher erweist, die Netzwerke der Landkarten zu untersuchen. Sobald das zu einer Landkarte gehörige Netz vorliegt, können wir die Landkarte selbst wieder ausblenden. Und da es bei den Verbindungslinien ausschließlich auf deren topologische Eigenschaften ankommt, können wir ihnen eine andere Form geben, ja, wir können sie sogar begradigen, wenn wir wollen.

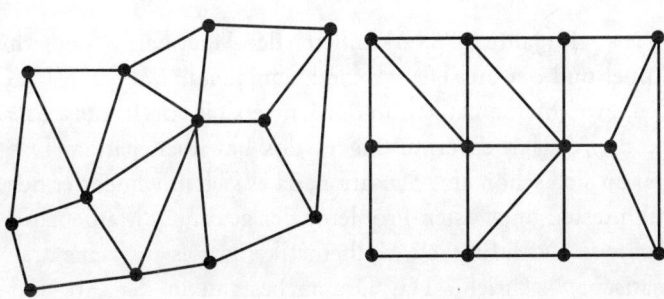

Große Mathematikernamen, von denen Sir William Hamilton vom Trinity College, Dublin, sowie der Amerikaner George Birkhoff als zwei der berühmtesten genannt seien, zieren die lange Geschichte des Versuchs, diesem Problem beizukommen. Im ständigen Näherrücken an die Lösung des Problems hat sie zahlreiche Stufen des Fortschritts durchlaufen. Bereits 1890 bewies Percy John Heawood den sogenannten Fünffarbensatz. Doch «vier Farben» sollten noch lange eine harte Nuß bleiben. 1922 wurde bewiesen, daß jede aus fünfundzwanzig oder weniger Ländern bestehende Landkarte mit vier Farben koloriert werden kann. Das ging scheibchenweise etwa ein halbes Jahrhundert so weiter: 1926 wurde der Beweis auf siebenundzwanzig Länder ausgeweitet, 1938 auf einunddreißig und 1940 auf fünfunddreißig Länder. Hier trat zunächst eine Pause ein, bis es 1970 gelang, die Vermutung für alle Landkarten mit weniger als vierzig Ländern zu beweisen. Die Zahl erhöhte sich sogar auf sechsundneunzig, bevor der eigentliche und komplette Beweis all solche Teilergebnisse überflüssig machte.

Der erste mathematische Beweis dank Computerhilfe

Im Jahre 1976 verkündeten der Amerikaner Kenneth Appel und der aus Deutschland stammende Wolfgang Haken, zwei Mathematiker an der Universität von Illinois, daß sie die Vierfarbenvermutung restlos bewiesen hätten. Das war an sich schon eine Sensation, da es sich um eines der berühmtesten ungelösten Probleme der gesamten Mathematik handelte. Doch für viele Mathematiker war es auch eine dramatische Nachricht. Das Drama bestand in der Art und Weise, wie der Beweis erzielt worden war. Umfangreiche und wesentliche Teile der Beweisführung wurden nämlich von einem Computer ausgeführt. Was aber in den Augen der Kritiker noch schwerer wog: Die für das Programm maßgeblichen Überlegungen beruhten ihrerseits ebenfalls auf computergenerierten Daten. Und, um die Sache gänzlich unübersichtlich zu machen, das Programm beinhaltete die Möglichkeit, seinen eigenen Ablauf zu modifizieren. Ein wesentlicher Teil des Beweises entzieht sich also der unmittelbaren Überprüfung durch den Menschen.

Appel und Haken hatten vier Jahre harter Arbeit und zwölfhundert Stunden Rechenzeit in die Lösung investiert. Der erforderliche Rechenaufwand war so groß, daß kein Mathematiker je hoffen konnte, alle Schritte per Hand zu überprüfen. Damit hatte sich der Begriff des «mathematischen Beweises» von Grund auf gewandelt. Eine Befürchtung, die seit dem Aufkommen der ersten Elektronenrechner in den fünfziger Jahren bestanden hatte, war schließlich Wirklichkeit geworden: Der Computer hatte den Mathematiker bei einem wesentlichen Teil der Konstruktion eines echten mathematischen Beweises abgelöst. Um diesen anzuerkennen, muß man einfach nur *glauben*, daß das Computerprogramm genau die Rechnungen ausführt, die seine Schöpfer von ihm erwarten. Viele Mathematiker wollen aber nicht einfach nur glauben, sie wollen, wie es die Tradition ihrer Disziplin verlangt, den Beweis nachvollziehen können, so wie auch Physiker oder Molekularbiologen die Experimente ihrer Fachkollegen im eigenen Labor reproduzieren.

Wann ist ein Beweis ein Beweis?

Bis weit in das 19. Jahrhundert hinein galten Theoreme als richtig, wenn sie anschaulich und einleuchtend waren. Das klingt gut, muß aber nicht so sein. Denn einerseits wurden immer mehr anschauliche und einleuchtende Aussagen entdeckt, die sich mathematisch als falsch erwiesen; und andererseits wurden immer mehr Objekte und Monster gedanklich korrekt konstruiert, von denen niemand eine bildliche Vorstellung hatte. Noch vor der Wende zum 20. Jahrhundert versuchten Mathematiker daher, an die Stelle der nur durch Anschaulichkeit fundierten Begriffe strengere zu setzen. Höhepunkt dieser Bemühungen war David Hilberts Programm. Dies führte zur «Grundsatzkrise der Mathematik», die immer noch nicht überwunden ist. In der Praxis setzte sich indessen der sogenannte Formalismus durch. Ein Beweis wurde eine logisch einwandfreie Kette von Argumenten, durch die ein Mathematiker andere von der Richtigkeit einer Behauptung überzeugen mußte. Durch das Nachvollziehen eines Beweises konnte man sich davon überzeugen, daß die betreffende Aussage zutraf, und auch die Gründe für die Wahrheit verstehen. Ein Beweis galt sogar nur deshalb als Beweis, weil er diese Gründe darlegte.

Der Beweis des Vierfarbensatzes verlangte aber mehr als nur strengen gedanklichen Formalismus: Er erforderte Computerhilfe, ohne die der Beweis bislang nicht möglich gewesen wäre.

Indessen prophezeit der amerikanische Mathematiker John Milnor, ein Beweis werde in zwei Generationen ohnehin nur noch gelten, wenn ein Computer ihn geprüft habe. Auf eine Klasse von Problemen wird dies vielleicht tatsächlich zutreffen. Wenn Milnor jedoch uneingeschränkt recht behielte, so die Ansicht der Kritiker computergenerierter Beweise, wäre das aus heutiger Sicht doppelt unbefriedigend.

Erstens könne niemand überprüfen, ob der Computer in Hunderten Stunden Rechenzeit auch das mache, was er solle. Und zweitens ginge die Ästhetik weitgehend verloren: Je knapper und origineller ein Beweis ausfällt, desto größer der ästhetische Genuß, während Mathematiker aufwendige Berechnungen, die gerade die Stärke von Elektronenrechnern sind, als langweilig empfinden.

Die Evolution der Ästhetik der Mathematik

Ich möchte eine Synthese versuchen und die beiden wesentlichen, sich gar nicht ausschließenden Möglichkeiten darlegen, die sich uns eröffnen werden.

Für den Erhalt des gewohnten ästhetischen Genusses gibt es eine begründete Hoffnung, denn gerade für die Mathematiker ist es zweifellos eine hochkarätige Herausforderung, Aussagen wie den Vierfarbensatz auch ohne Computer beweisen zu können. Etwa zwanzig Jahre nach Appels und Hakens ausferndem Computerbeweis gelang es vier in den USA arbeitenden Mathematikern, den Satz auf elegantere Weise zu demonstrieren. Der neue Beweis, den der bei A + T forschende Brite Paul Seymour und seine Kollegen vorlegten, ist viel klarer und zumindest für die Spezialisten nachvollziehbar. Allerdings stützt auch er sich auf Computerhilfe. Zwölf Stunden braucht eine Workstation für die lästigen Detailrechnungen. Immerhin ist das nur ein winziger Bruchteil des Aufwands, den Appels und Hakens Computer leisten mußte. Der Weg ist nun frei für einen noch kürzeren und vielleicht letztlich sogar ganz und gar computerfreien Beweis. Und in der Hoffnung, daß uns die klassische Ästhetik der Mathematik erhalten bleibt, können die Kritiker wieder optimistisch in die Zukunft blicken.

Nun zur zweiten Möglichkeit, für den Fall, daß Milnor – zumindest für eine bestimmte Klasse von Problemen – recht behalten sollte.

Als Appel und Haken ihren Bericht zur Veröffentlichung in der Zeitschrift *Illinois Journal of Mathematics* einreichten, veranlaßten die Herausgeber eine Überprüfung des mit Hilfe des Computers durchgeführten Teils des Beweises, indem sie auf einem anderen Computer ein unabhängig erzeugtes Programm laufen ließen. Ist das aber nicht bereits eine – wenn auch für die Mathematik etwas ungewohnte – Art des Nachvollzugs? Schließlich können auch weitere, skeptische Spezialisten die Beweisideen von Appel und Haken in eigene Programme fassen und bestätigen ... oder widerlegen. Um das Beispiel des physikalischen oder biochemischen Experiments wieder aufzugreifen: Bei diesen Experimenten kann der Mensch wesentliche Aspekte ja auch nicht unmittelbar beobachten, etwa wenn ein Elektronenmikroskop zum Nachweis irgendwelcher Phänomene eingesetzt werden muß. Fachkollegen können die Ideen nur mit dem gleichen Instrument nachvollziehen. Seit dem Beweis des Vierfarbensatzes hat eben auch der Mathematiker ein Instrument, das ihm etwas sichtbar macht, was er sonst nicht sehen würde. Was dem Naturforscher das Mikroskop oder das Fernrohr, ist dem Mathematiker von nun an sein Computer – jedenfalls für bestimmte Probleme. Und wegen der Ästhetik ist es schlicht zu voreilig, sich in Grübeleien zu verlieren, denn universelle Ästhetik des Geistes kann sich wohl nicht auf bloßem Nachvollzug verhältnismäßig kleiner Gedankenkreise mit Bleistift und Papier beschränken. Im Gegenteil, wir sollten zuversichtlich sein, daß sich die Ästhetik – beziehungsweise eine ihrer Formen – eines Tages auch in computergenerierten Beweisen offenbaren wird.

Vielleicht ist der Vierfarbensatz in diesem Sinne «schön».

Cantors Unendlichkeiten: schaurig-schön

Die Wissenschaftler des 17. Jahrhunderts, allen voran Johannes Kepler und Blaise Pascal, behandelten das unendlich Kleine wie auch das unendlich Große in geheimnisvoller und sogar mystischer Weise. Die moderne Betrachtungsweise des beliebig Kleinen, des *Infinitesimalen*, nahm ihren Ursprung im 17. Jahrhundert und erwuchs aus dem Bedürfnis, Naturereignisse befriedigend zu erklären.

Mit den Generationen nach Pascal gelangte die infinitesimale Betrachtung und Schlußweise zu ihrer vollen Blüte: Um 1660 und 1670 entdeckten Sir Isaac Newton und Gottfried Wilhelm Leibniz unabhängig voneinander die grundlegenden Sätze der Differential- und Integralrechnung.

Newton versuchte, infinitesimale Größen als Entität einfach zu vermeiden. Er benutzte sie nur als Inbegriff eines dynamischen Denkprozesses. Und Leibniz behauptete zwar nicht, daß infinitesimale Größen tatsächlich existierten, doch könne man, meinte er, so argumentieren, als ob sie existierten, ohne in einen Irrtum zu verfallen.

An dieser Interpretation, die sich im Prinzip bis heute bewährt hat, änderte auch Carl Friedrich Gauß später nichts. Das Unendliche in der Mathematik ist danach nur als das «Potential-Unendliche» zulässig, als die *Möglichkeit*, immer weiter zu zählen, nicht aber als eine *vollendete* Größe, nicht als ein «Aktual-Unendliches».

Hat man es zum Beispiel mit einer unendlichen Folge $\{f_1, f_2, f_3, \ldots\}$ oder kurz $\{f_n\}$ zu tun, bei der der Index n die Werte 1, 2, 3, … annimmt und beliebig groß werden kann, wird auch der Ausdruck «n strebt gegen unendlich» verwendet, formelmäßig $n \to \infty$ geschrieben, wobei ∞ das herkömmliche Standardsymbol für «unendlich» ist. Bereits in dieser impliziten Verwendung stellt sich die Mathematik als die eigentliche Wissenschaft des (Potential-)Unendlichen dar.

In der zweiten Hälfte des 19. Jahrhunderts fing nun Georg Cantor an, das Unendliche als eigenständigen Begriff einzuführen. Dies tat er, indem er begann, verschiedene unendliche Mengen zu vergleichen, zum Beispiel die Menge $\mathbf{N}$ der natürlichen Zahlen mit der Menge $\mathbf{Q}$ der rationalen Zahlen oder Brüche. $\mathbf{Q}$ besteht aus allen Verhältniszahlen m/n, wobei m die Menge der ganzen Zahlen $\mathbf{Z}$ (einschließlich der negativen und der Null) und n die Menge der natürlichen Zahlen $\mathbf{N}$ durchlaufen: $\mathbf{Q} = \{m/n \mid m \in \mathbf{Z}, n \in \mathbf{N}\}$.

Der Vergleich geschieht mit Hilfe einer eindeutigen, umkehrbaren Zuordnung, durch die die Elemente der Menge $\mathbf{Q}$ durchnumeriert werden. Gelingt es, eine unendliche Menge wie $\mathbf{Q}$ vollständig durchzunumerieren, sagt man, sie sei *abzählbar (unendlich)* beziehungsweise sie habe die gleiche *Mächtigkeit* oder *Kardinalzahl* wie die Menge $\mathbf{N}$ der natürlichen Zahlen. Diese kleinste unendliche (*transfinite*) Kardinalzahl wird durch $\aleph_0$ symbolisiert («Aleph-Null»; Aleph ist der erste Buchstabe des hebräischen Alphabets). Man schreibt auch: card $\mathbf{N} = \aleph_0$.

Cantor gelang es, die Brüche in einem Schema so anzuordnen, daß sie tatsächlich alle durchnumeriert werden können (siehe «Abenteuer Mathematik», *Cantors Beweis, daß die Brüche abzählbar sind,* Seite 106). Kurz formuliert lautet der Satz:

$$\text{card } \mathbf{N} = \text{card } \mathbf{Q} = \aleph_0$$

Er wies sogar nach, daß auch die (umfangreichere) Menge der *algebraischen* Zahlen abzählbar ist (algebraische Zahlen werden im Kapitel «The Spirit of π: Transzendenz pur» definiert). Alle rationalen sowie gewisse irrationale Zahlen (wie $\sqrt{2}$, $\sqrt[3]{5}$, ...) sind algebraisch, da sie sich als Lösungen von Polynomgleichungen ergeben können.

Wie sieht es nun mit der Menge der reellen Zahlen $\mathbf{R}$ aus, der rationalen und irrationalen zusammengenommen? Können auch sie vollständig durchnumeriert werden?

Nein, war Cantors Antwort, und er ersann das «Diagonalverfahren», ein spitzfindiger Beweis dafür, daß $\mathbf{R}$ *überabzählbar unendlich* ist. Die Beweisidee: Zu jeder angenommenen Liste *aller* reellen Zahlen kann eine neue reelle Zahl konstruiert werden, die *nicht* in dieser Liste enthalten ist: Widerspruch! Somit ist die Mächtigkeit von $\mathbf{R}$ größer als die von $\mathbf{N}$ (siehe «Abenteuer Mathematik», Seite 108). Formelmäßig lautet der Satz:

$$\text{card } \mathbf{R} > \aleph_0$$

Jeder der beiden bisher erwähnten Sätze Cantors spielt dem gesunden Menschenverstand einen Streich:

1. Der erste Satz lautet card $\mathbf{N}$ = card $\mathbf{Q}$ = $\aleph_0$. Dennoch ist die Menge der Brüche $\mathbf{Q}$ offensichtlich «umfangreicher» als die Menge der natürlichen Zahlen $\mathbf{N}$, denn einerseits kann jede natürliche Zahl als Bruch dargestellt werden ($\mathbf{N}$ ist eine echte Teilmenge von $\mathbf{Q}$, in Zeichen $\mathbf{N} \subset \mathbf{Q}$), andererseits gibt es (unendlich viele) Brüche, die nicht zu $\mathbf{N}$ gehören (zum Beispiel ist $1/2$ keine natürliche Zahl, $1/2 \notin \mathbf{N}$). Insofern haben die beiden Redeweisen «Zwei Mengen haben gleich viele Elemente» und «Zwei Mengen haben die gleiche Mächtigkeit oder Kardinalzahl» im Unendlichen einen anderen Sinn als

im Endlichen (zwei *endliche* Mengen haben dann und nur dann die gleiche Mächtigkeit oder Kardinalzahl, wenn sie gleich viele Elemente aufweisen). Durch die Gleichsetzung dieser Redeweisen sind im Unendlichen zwangsläufig Widersprüche zu erwarten. Zu den bekanntesten unter den zahlreichen «Paradoxien des Unendlichen» zählt *Hilberts Hotel*.

2. Aber auch der zweite Satz (card $\mathbf{R} > \aleph_0$) stellt den gesunden Menschenverstand vor ein Rätsel. Was soll ein Resultat für einen Sinn haben, das «mehr als unendlich viele» reelle Zahlen ausweist? Manche Mathematiker mögen sagen, das sei keine Mathematik mehr, sondern pure Theologie. Es kommt aber noch schlimmer.

Bekanntlich können aus einer Menge weitere Mengen gebildet werden. Ein Beispiel für eine solche Betrachtung ist die Bildung der Potenzmenge $\mathbf{P}(X)$ einer vorliegenden Menge X. Dies ist die Menge aller Teilmengen von X:

$$\mathbf{P}(X) = \{M \mid M \subseteq X\}.$$

Für eine *endliche* Menge mit n Elementen (card $X = n \in \mathbf{N}$) beträgt ihre Potenzmenge $\mathbf{P}(X)$ genau 2^n Elemente, und es gilt stets $2^n > n$. Durch das Beweisverfahren der «vollständigen Induktion» kann dies leicht gezeigt werden.

Die Frage, die sich Cantor gestellt hatte, war nun folgende: *Gilt das auch für unendliche Mengen?* Das heißt: Ist die Potenzmenge $\mathbf{P}(X)$ einer unendlichen Menge X von höherer Mächtigkeit (oder Kardinalzahl) als die Menge X selbst? Immerhin wächst die Mächtigkeit 2^n der Potenzmenge $\mathbf{P}(X)$ im Endlichen mit n sehr stark an. Kann man aber n in der Ungleichung $2^n > n$ durch $\aleph_0$ ersetzen, so daß $2^{\aleph_0} > \aleph_0$ gilt? Angesichts all der Überraschungen, zu denen die Untersuchung des Unendlichen immer wieder führt, ist es ganz und gar nicht selbstverständlich, daß sich ein Ergebnis für endliche

Mengen auf unendliche verallgemeinern läßt. Doch dem besessenen Cantor gelang es, dieses Ergebnis auf sein Reich der unendlichen Mengen auszudehnen – zweifellos ein Höhepunkt in der Mathematikgeschichte. Die Potenzmenge der Menge natürlicher Zahlen hat also eine höhere Mächtigkeit als $\aleph_0$. Es gilt $2^{\aleph_0} > \aleph_0$, und die größere Kardinalzahl wird mit $\aleph_1$ («Aleph-Eins») bezeichnet. (Den subtilen Widerspruchsbeweis können Sie in «Abenteuer Mathematik» im Kasten ab Seite 114 nachlesen.)

Dieses Resultat kommt einem Dammbruch gleich: Da aus einer ersten unendlichen Potenzmenge wiederum ihre Potenzmenge gebildet werden kann und immer so weiter, gelangt man unaufhörlich zu immer größeren transfiniten Kardinalzahlen: $\aleph_0 < \aleph_1 < \aleph_2 < \aleph_3 < \dots$ Formal betrachtet, gibt es also unendlich viele verschiedene Stufen des Unendlichen – unvorstellbar.

Es ist nicht überraschend, daß Cantors Mathematik erbitterte Gegner hatte, zum Beispiel Leopold Kronecker und vor allem Luitzen Brouwer, den Begründer des Intuitionismus.

Heute dürfte kaum jemand mehr ernsthaft glauben, dies sei auch *wahr* (im Sinne eines faktischen Vorkommens). Das ist eben die formale Seite der (klassischen) mathematischen Erkenntnisse: Sie sind *ableitbar* und daher *richtig*, aber sie brauchen nicht *faktisch wahr* zu sein. Rein fiktive Begriffe und Aussagen darüber, die lediglich in das Korsett der gewöhnlichen, vertrauten Logik eingepaßt werden, sind Phantasien am logischen Gängelband, die dennoch intellektuell sehr reizvoll sein können. Jedenfalls geht von ihnen eine gewisse Faszination, eine schaurige Schönheit aus.

Zu den Befürwortern der Cantorschen Mengenlehre gehörten vor allem David Hilbert und auch Bertrand Russell, die darin eine Art «Paradies» sahen beziehungsweise die «größte Errungenschaft, deren sich dieses Zeitalter rühmen könne». Ihre Lobpreisungen drückten vor allem die Bewunderung für die enorme Fruchtbarkeit der abstrakten Grundkonzepte aus, die eine mächtige Sprache für einen einheitlichen Aufbau der Mathematik bereitstellten.

Was man auch immer gegen die Ideen Cantors einwenden mag, man muß schließlich akzeptieren, daß ihre Konsequenzen mit der übrigen Mathematik weitgehend konsistent sind. Greifen wir noch einmal das Beispiel der algebraischen und transzendenten Zahlen auf. Auf dem Diagonalverfahren aufbauend, war Cantor in der Lage, einen dramatischen Beweis dafür zu erbringen, daß *transzendente* Zahlen existieren müssen – obwohl zu dieser Zeit noch niemand gewußt hatte, ob es überhaupt eine transzendente Zahl gibt.

Das geschah wie folgt. Cantor wies nach, daß die Menge der algebraischen Zahlen abzählbar ist. Da er bereits gezeigt hatte, daß die Menge der reellen Zahlen *nicht* abzählbar ist, laufen beide Beweise auf die sichere Feststellung hinaus, es müsse reelle Zahlen geben, die nicht algebraisch, also transzendent, sind. In der Tat zeigt diese Argumentation mehr: nämlich daß es *überabzählbar* viele transzendente Zahlen geben muß. Es gibt also mehr transzendente Zahlen als algebraische, und Cantor konnte, ohne eine einzige transzendente Zahl zu nennen (noch ohne zu wissen, ob «verdächtige» Zahlen wie e oder π transzendent sind oder nicht), dies beweisen! (Siehe auch das Kapitel «The Spirit of π: Transzendenz pur».)

Sätze und Gesetze, die den Zufall beherrschen

Der aufgeklärte Leser weiß, daß die Roulettekugel kein Gedächtnis hat. Dennoch mag er sich gelegentlich die Frage stellen, ob dem Zufall nicht doch eine Art zwangsläufiges Gedächtnis innewohnen mag, sozusagen als Naturgesetz. Das «Gesetz der großen Zahlen» kann als ein solches Gedächtnis interpretiert werden – allerdings als ein sehr schwaches.

Obwohl Jakob Bernoulli dieses Gesetz der großen Zahlen bereits 1689 bewies, führte Pierre Simon de Laplace den klassischen Wahrscheinlichkeitsbegriff – mit dem ich beginne – erst 1812 ein:

Unter der Voraussetzung, daß nur endlich viele Versuchsergebnisse möglich sind, definiert Laplace die Wahrscheinlichkeit eines Ereignisses A, p(A), wie folgt:

$$p(A) = \frac{\text{Anzahl der günstigen Fälle für A}}{\text{Anzahl der möglichen Fälle}}$$

Unter der Annahme, daß alle Ausgänge gleichwahrscheinlich sind, ist p(A) das Verhältnis der Anzahl von Möglichkeiten für das Ereignis A und der Gesamtzahl möglicher Ereignisse. Was aber ist unter «gleichwahrscheinlich» zu verstehen? Daß die Wahrscheinlichkeiten alle dieselben sind? Zirkelschluß! Diese Grundsatzfrage hat in der Entstehungsphase der Wahrscheinlichkeitstheorie eine Menge Ärger bereitet (sie wurde erst 1933 durch Andrej Kolmogoroff befriedigend gelöst. Eine detailliertere historische Darstellung sowie das Kolmogoroffsche Axiomensystem können Sie in «Abenteuer Mathematik», Kapitel *Zufall, Chaos und Glück*, nachlesen).

Im täglichen Leben können wir aber mit dieser einfachsten Definition der Wahrscheinlichkeit eines Ereignisses – das Maß für das Eintreten dieses Ereignisses, also *ein Maß des Vertrauens* – durchaus vorliebnehmen, die wir wie folgt kurz darstellen können:

$$p(A) = \frac{N_A}{N} \approx h_n(A)$$

Dabei steht p für «Wahrscheinlichkeit» (*probabilité, probability*), während mit $h_n(A)$ die relative Häufigkeit für beliebig viele (n) Wiederholungen des Versuchs bezeichnet wird.

N_A stellt die Anzahl der bezüglich der Ereignisqualität A günstigen Fälle dar (zum Beispiel «ungerade Zahl» beim Würfeln, dann ist N_A = 3). N ist die Anzahl aller möglichen Fälle, unter denen Ergebnisse mit dem Ereignismerkmal A ausgewählt wurden (im Fall des Würfels ist N = 6). p(A) ist also das Verhältnis der Anzahl der bezüglich A günstigen Fälle zur Anzahl aller möglichen Fälle, unter denen diejenigen mit dem Merkmal A ausgewählt wurden (in unserem Beispiel ist p(A) = $3/6$ = $1/2$ oder 50 Prozent).

Das Gesetz der großen Zahlen

Angenommen, der eben beschriebene Versuch wird tausendmal wiederholt (n = 1000): Erhalten wir dann mit $h_{1000}(A)$ bei einem unverfälschten Würfel einen guten Näherungswert für p(A)?

Dies ist eine zentrale Frage bei allen Zufallsexperimenten: Welche Beziehung herrscht zwischen Theorie und Praxis, das heißt zwischen Wahrscheinlichkeitstheorie und angewandter Statistik? Sagt die Theorie die Praxis richtig voraus, und kann umgekehrt aus den Beobachtungen auf die theoretischen Werte geschlossen werden?

Die Formel $p(A) = N_A / N \approx h_n(A)$ stellt in der Tat eine Brücke zwischen Wahrscheinlichkeitstheorie und Empirie dar und macht den wesentlichen Inhalt des Gesetzes der großen Zahlen aus. Es wird auch als «Gesetz der großen Zahl» (im Singular) bezeichnet. Abgesehen davon, daß sich im Sinne dieses Gesetzes keine konkrete *große Zahl* angeben läßt, bin ich den Ausdruck «the law of large numbers» (im Plural) mehr gewohnt. Kein Grund zur Aufregung: Vermutlich sind beide Bezeichnungen korrekt. Jedenfalls meinen sie dasselbe.

Ertasten wir uns, etwa wie im Beispiel mit dem Würfel, ein Verhältnis durch Probieren, dann nennen wir es *relative Häufigkeit*. Bei einer großen Anzahl von Versuchen werden wir feststellen, daß die relative Häufigkeit immer näher an die *wahre* Wahrscheinlichkeit herankommt, so daß sie für diese eine immer genauere Schätzung abgibt. Dieser praktische Sachverhalt, eben das Gesetz der großen Zahlen, erlaubt es uns, von relativen Häufigkeiten auf noch unbekannte Wahrscheinlichkeiten zu schließen, und verkörpert genau die Brücke zwischen Theorie und Praxis, die uns beide Aspekte als die Seiten derselben Medaille plausibel machen. Es kann wie folgt formuliert werden:

Je größer die Anzahl der Versuche, desto kleiner die *relativen* oder *prozentuellen* Abweichungen von der erwarteten (oder durchschnittlichen) Anzahl von Erfolgen. Oder: Je größer die Anzahl der Versuche, desto kleiner die Differenz zwischen der (empirischen) relativen Häufigkeit eines Ereignisses und dessen (theoretischer) Wahrscheinlichkeit – vorausgesetzt, die einzelnen Versuche werden, wie beim Münzwurf, unabhängig voneinander durchgeführt. Darin besteht die einzige Gewißheit, die uns der Zufall beschert, die einzige Art von Gedächtnis, zu der eine unverfälschte Münze oder eine Roulettekugel bei zufälliger Handhabung fähig ist. Je öfter ich also eine unverfälschte Münze werfe, desto genauer wird die Schätzung p(Kopf) = $1/2$.

Wenden wir diese Interpretationsregel an, werden wir in den seltensten Fällen falsch handeln. Im Grenzfall, wenn n, die Anzahl der Versuche, beliebig groß wird (n → ∞), sind relative Häufigkeit und Wahrscheinlichkeit angeglichen. Auch wenn man n noch so groß wählt, sind Ausnahmeserien nie ganz auszuschließen. Sie kommen jedoch höchst selten vor. Das Gesetz der großen Zahlen ist also eine *Grenzwertaussage* und mahnt, wie ich im nächsten Abschnitt darlegen werde, bei Folgerungen zu besonderer Vorsicht.

Das (Bernoullische) Gesetz der großen Zahlen schlägt aber nicht nur eine Brücke zwischen Wahrscheinlichkeit (p) und relativer Häufigkeit (h_n). Zwischen dem Erwartungswert (μ) einer beliebigen Zufallsgröße und dem (empirischen) Mittelwert ($\bar{x}$) von n unabhängigen Wiederholungen des Zufallsexperiments besteht ein ähnlicher Zusammenhang. Interpretationsregel: Ist der Erwartungswert μ einer Zufallsgröße unbekannt, so erhält man dafür bei großen n mit $\bar{x}$ einen Näherungswert. Und ganz ähnlich wie bei der Wahrscheinlichkeit und dem Erwartungswert ergibt sich durch die empirische Varianz s^2, auch Streuungsquadrat genannt, für große n ein Näherungswert für die unbekannte Varianz V = σ^2. (Doch dies ist kein Lehrbuch. Der interessierte Leser findet diese Definitionen in jedem einführenden Buch der Wahrscheinlichkeitsrechnung und Statistik.)

Im nachfolgenden Kasten sind die Begriffe, die durch die verschiedenen Gesetze der großen Zahlen paarweise in eine Empirie-Theorie-Beziehung gebracht werden, übersichtlich aufgelistet:

STATISTIK (EMPIRIE)	WAHRSCHEINLICHKEIT
relative Häufigkeit h_n	Wahrscheinlichkeit p
empirischer Mittelwert $\bar{x}$	Erwartungswert μ
empirische Varianz s^2	Varianz $V = \sigma^2$
Streuung s	Standardabweichung σ

Ich empfinde das Gesetz der großen Zahlen als schön – ähnlich schön wie der Satz von Cantor über die Mächtigkeit der Potenzmenge einer unendlichen Menge. Beide Sätze bringen uns zum Sinnieren über die Unendlichkeit, also auch über die Ewigkeit. Dabei ist gar nicht so wichtig, ob unser Begriff der Wahrscheinlichkeit mit der Realität tatsächlich übereinstimmt. Er hat nur zweckmäßig zu sein. Wir sollten jedoch nie übersehen, daß das Gesetz der großen Zahlen einen unendlichen Prozeß beschreibt, während alle realen Beobachtungen zwangsläufig nur endlich sein können.

Die mörderischste aller Fallgruben – das «Gesetz» des Ausgleichs

Das häufigste und gefährlichste Beispiel einer Folgerung, die aus dem Gesetz der großen Zahlen *nicht* geschlossen werden kann und der dennoch unzählige Spieler Tag für Tag auf den Leim gehen, ist der Glaube an den *Ausgleich*, an ein «Gesetz» des Ausgleichs als Folge des Gesetzes der großen Zahlen. Warum ist dies eine unzulässige Folgerung?

Die Schwankungen der *relativen* Häufigkeiten eines Ereignisses um dessen Wahrscheinlichkeit können auch dann noch ständig kleiner werden, wenn die *absoluten* Häufigkeiten des Ereignisses sich von den theoretischen absoluten Häufigkeiten ständig weiter entfernen! Mit anderen Worten: Das Gesetz der großen Zahlen ist auch dann noch erfüllt, wenn kein *absoluter Ausgleich* zwischen gleichwahrscheinlichen, zueinander komplementären Ereignissen (wie Gerade und Ungerade oder Kopf und Zahl) stattfindet. Angewandt auf eine überschaubare Anzahl von Ereignissen, ist das in Spielerkreisen unausrottbare Gesetz des Ausgleichs eine unzulässige Interpretation des Gesetzes der großen Zahlen. Eine genaue Analyse zeigt sogar ein unerwartetes Resultat: Je größer die Anzahl der Zufallsexperimente, desto kleiner wird die Wahrscheinlichkeit eines Ausgleichs zwischen gleichwahrscheinlichen Ereignissen!

Außerdem sind die Würfe einer unverfälschten Münze unempfindlich gegenüber der Wahl des Ausgangspunktes: Wird eine Teilfolge jener Würfe gebildet, die aufgrund irgendeiner von der Vorgeschichte bis zum gewählten Punkt abhängenden Taktik oder Auswahlregel zustande kamen, so erhält man immer noch eine Wahrscheinlichkeit von $1/2$.

Die Unempfindlichkeit gegenüber der Wahl des Ausgangspunktes kann auch anders ausgedrückt werden. Die Physiker nennen das ein *Prinzip der Impotenz*: Man kann kein Spielsystem mit positivem Erwartungswert gegen eine unverfälschte Münze konstruieren – natürlich auch nicht gegen Gerade und Ungerade oder Rot und Schwarz im Roulette, selbst wenn dieses kein Zéro enthielte.

Helfer in der Not – das Gesetz der Gesamtstreuung

Obwohl es also ein absolutes Ausgleichsgesetz nicht gibt, können wir auf einen Trostpreis zurückgreifen – auf ein Hintertürchen, durch das wir eine schwache Form des

Ausgleichs wieder hereinlotsen können und das im Wirtschaftsleben ebenso wie bei individuellen Entscheidungen von unschätzbarem praktischen Wert ist. Die Rede ist vom «Gesetz der Gesamtstreuung», das grob etwa wie folgt formuliert werden kann: *Die Gesamtstreuung einer Menge voneinander unabhängiger zufälliger Größen ist kleiner als die Summe deren Einzelstreuungen.*

Nicht zuletzt beruht die allseits bekannte *Risikostreuung* in der Wirtschaft auf diesem Gesetz. Die damit verwandte moderne Portfolio-Theorie, für die James Tobin 1981 den Nobelpreis für Ökonomie erhielt, geht natürlich etwas weiter als die simple Empfehlung, niemals alle Eier in einen Korb zu legen.

Wir alle kennen die letztendliche Auswirkung einer Reihe voneinander unabhängiger Fehler aus Erfahrung: die haben nämlich die Tendenz, sich teilweise aufzuheben. Der Gesamtirrtum ist meist kleiner als die unbarmherzige Summe aller Einzelirrtümer – wie gut auch! Natürlich können sich unabhängige Fehler auch brutal summieren, statt sich zu kompensieren, aber das ist eben viel unwahrscheinlicher. (Sind die Fehler dagegen voneinander *nicht* unabhängig, dann ist ein Kompensationseffekt – und somit eine Abschwächung des Gesamtfehlers – nicht zwangsläufig wahrscheinlicher.)

Liegt aus der Praxis die Zahlenreihe einer nicht weiter bekannten Zufallsgröße vor, dann verfährt man folgendermaßen:

Zuerst wird der (empirische) Mittelwert $\bar{x}$ der Einzelwerte gebildet:

$$\bar{x} = \frac{x_1 + x_2 + \dots + x_n}{n}$$

Natürlich genügt die Angabe eines noch so genauen Mittelwertes nicht, weil die Einzelwerte *mehr oder weniger* um diesen *streuen*. Zu jedem Mittelwert ist daher stets noch die Streuung s anzugeben, die mittels folgender (statistisch-empirischer) Formel berechnet wird:

$$s = \sqrt{\frac{(x_1 - \bar{x})^2 + (x_2 - \bar{x})^2 + \dots + (x_n - \bar{x})^2}{n-1}}$$

Nun kommt das Gesetz über die Gesamtstreuung ins Spiel. Dieses Gesetz der Statistik besagt quantitativ, daß sich die Gesamtstreuung nicht einfach als Summe der Einzelstreuungen ergibt, sondern als die Quadratwurzel aus der Summe der Quadrate der Einzelstreuungen. Die entsprechende Formel ist recht einprägsam und auch einfach:

$$s = \sqrt{s_1^2 + s_2^2 + \dots + s_n^2}$$

Hinter diesem scheinbaren Wortspiel verbirgt sich die angenehme Tatsache, daß diese Gesamtstreuung bedeutend geringer ausfällt als die Summe der Einzelstreuungen. Dieses Gesetz spielt überall eine Rolle, wo man es mit Mittelwerten und Streumaßen zu tun hat.

Die Normalverteilung

Die Wahrscheinlichkeitstheorie ist die Theorie der Verteilungen von Zufallsgrößen oder -variablen. Was Wahrscheinlichkeitsverteilungen sind und wie sie durch Kennzahlen charakterisiert werden, wird in jedem einführenden Buch über Wahrscheinlichkeitstheorie ausführlich erläutert (auch im bereits erwähnten Taschenbuch «Die Welt als Roulette» können Sie die wichtigsten einführenden Begriffe nachlesen und weitere konkrete Rechenbeispiele finden).

Die Normalverteilung ist eine stetige Verteilung, die in der kartesischen (x, y)-Ebene durch die Gleichung ihrer «Wahrscheinlichkeitsdichtefunktion»

$$y = f(x) = \frac{1}{\sigma\sqrt{2\,\pi}}\; e^{-\frac{1}{2}\frac{(x-\mu)^2}{\sigma^2}}$$

definiert ist. Dabei ist μ der Mittelwert, σ die Standardabweichung, π die Kreiszahl (= 3,14159...) und e die Eulersche Zahl (= 2,71828...). Die Zahlen e und π sind uns bereits in der abstrakten Eulerschen Formel $e^{i\pi} = -1$, ab Seite 71, verknüpft begegnet. Wie uns der zentrale Grenzwertsatz zeigen wird, spiegelt die Normalverteilung aber einen sehr konkreten und «natürlichen» Sachverhalt wider. Daß die imaginäre Einheit i in der Normalverteilung nicht vorkommt, ist nicht weiter tragisch: In der «virtuellen» Form $i^2 = -1$ ist i praktisch überall anzutreffen.

Man sagt kurz, die Zufallsvariable x ist $N(\mu, \sigma^2)$-verteilt. Der Graph der Verteilung hat die berühmte Glockenform.

Die Gesamtfläche, die durch die Kurve und die x-Achse begrenzt wird, ist gleich eins. Deshalb stellt die Fläche unter der Kurve, die zwischen x = a und x = b (> a) liegt, die Wahrscheinlichkeit dar, daß x zwischen a und b liegt, in Zeichen $p(a < x < b)$.

Drückt man die Variable x durch die Transformation $z = (x - \mu)/\sigma$ in Standardeinheiten aus, so entsteht die sogenannte Standardform

$$\varphi(z) = \frac{1}{\sqrt{2\,\pi}}\; e^{-\frac{1}{2}z^2},$$

wobei z normalverteilt ist mit Mittelwert null und Varianz eins oder kurz N(0, 1)-verteilt. Die folgende Abbildung zeigt eine Darstellung der Glockenkurve als standardisierte Normalverteilung:

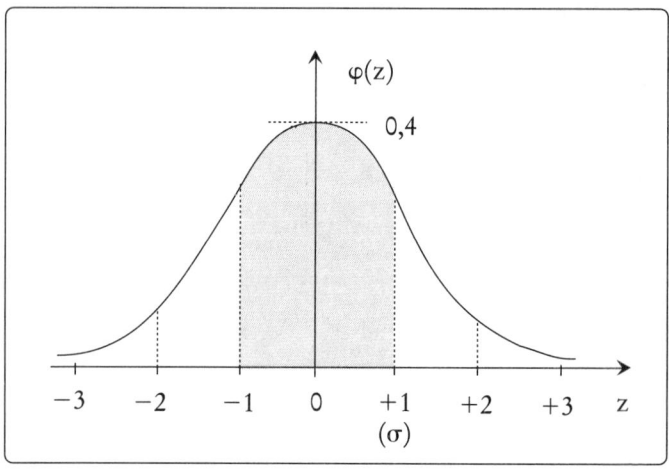

Um den Mittelwert $\mu = 0$ ist die Kurve symmetrisch. Die Fläche zwischen Kurve und z-Achse, die durch $-1 \leq z \leq 1$ begrenzt ist, beträgt etwa 68,27 Prozent. Das heißt, daß die Zufallsvariable z mit der Wahrscheinlichkeit von 68,27 Prozent (gerasterte Fläche) von ihrem Mittelwert $\mu = 0$ nicht mehr abweicht, als ihre Standardabweichung ausmacht. Ebenso erhält man die Wahrscheinlichkeit dafür, daß z zwischen -2 und 2 liegt: etwa 95,4 Prozent. Und obwohl die Flächen in den *Schwänzen* nach links und rechts unbegrenzt sind, liegt praktisch die gesamte Fläche ($=1$) zwischen -3 und 3, nämlich etwa 99,73 Prozent.

Die standardisierte Verteilungsfunktion lautet

$$\Phi(z) = \frac{1}{\sqrt{2\pi}} \int_{-\infty}^{z} e^{-\frac{1}{2}t^2} dt$$

und stellt die Fläche zwischen z-Achse und Normalverteilung von «minus unendlich» bis $t = z$ dar.

Freilich mute ich dem Leser nicht zu, daß er $\varphi(z)$ und $\Phi(z)$ nach diesen Formeln berechnet, denn für alle brauchbaren z sind diese Werte bereits tabelliert.

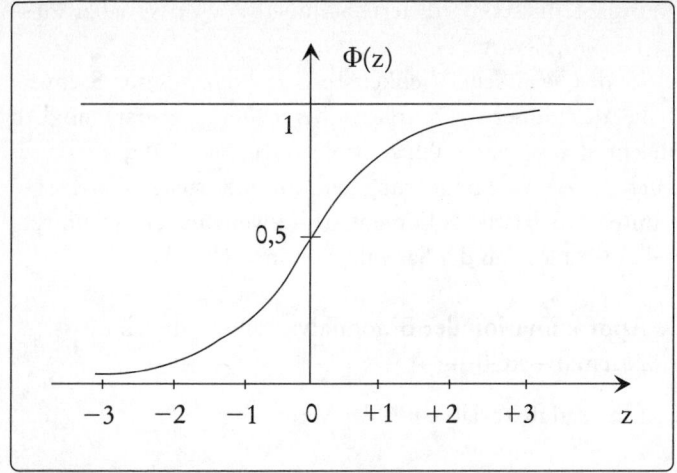

Der Graph zeigt die standardisierte Verteilungsfunktion $\Phi(z)$.

Der zentrale Grenzwertsatz

Sind X_i, $i = 1, 2, \ldots, n$, unabhängige Zufallsvariablen, deren Erwartungswerte und Varianzen alle existieren, und ist S_n ihre Summenvariable, so ist (unter sehr allgemeinen Bedingungen und für genügend großes n) die Verteilungsfunktion F_n der standardisierten Variablen

$$S_n^* = \frac{S_n - \mu(S_n)}{\sigma(S_n)}$$

näherungsweise gleich Φ. Für alle z gilt somit

$$\lim_{n \to \infty} p(S_n^* \leq z) = \lim_{n \to \infty} F_n(z) = \Phi(z)$$

Man sagt, die standardisierte Summenvariable ist näherungsweise N(0,1)-verteilt.

In der Wahrscheinlichkeitstheorie bildet dieser Sachverhalt, der äußerst komplexe Berechnungen erst möglich
macht, den sogenannten zentralen Grenzwertsatz, der damit
auch die zentrale Bedeutung der Normalverteilung in der gesamten Stochastik dokumentiert – zweifellos ein so univer-
seller Grund, daß der Satz als «schön» gelten kann.

Approximation der Binomialverteilung durch die Normalverteilung

Eine Zufallsvariable mit der Verteilung

$$(j, \binom{n}{j}p^{j}(1-p)^{n-j}), \ j = 0, 1, 2, ..., n; \ \binom{n}{j} = \frac{n!}{j!(n-j)!}$$

heißt binomialverteilt mit den Parametern (n, p) oder kurz
B(n, p)-verteilt. Sie hat ihren Namen vom binomischen
Lehrsatz, $(a + b)^n = ...$, der uns in seiner einfacheren Form
noch aus dem Schulunterricht bekannt ist, vor allem der
Spezialfall $(a + b)^2 = a^2 + 2ab + b^2$. Interpretiert man a als
Wahrscheinlichkeit p eines Ereignisses, b als die Gegenwahrscheinlichkeit q = 1 – p und n als die n-malige Ausfüh-
rung von Zufallsexperimenten mit der Wahrscheinlichkeit
p, dann ergibt sich eine Binomialverteilung.

Ist n genügend groß und sind sowohl p als auch 1 – p
nicht zu nahe bei Null, so wird die Binomialverteilung (mit
Erwartungswert $\mu = np$ und Varianz $V = \sigma^2 = np(1 - p)$)
durch eine Normalverteilung mit der standardisierten Variablen

$$z = \frac{X - \mu}{\sigma} = \frac{X - np}{\sqrt{np\,(1-p)}}$$

gut angenähert. Mit wachsendem n wird die Annäherung immer besser, und im Grenzfall (n → ∞) ist sie exakt.

In der Praxis ist die Annäherung sehr gut, wenn np und n(l – p) beide größer als 5 sind oder wenn np(l – p) ≥ 9 ist.

Wie bei den Verteilungen findet bei den Verteilungsfunktionen auch eine gute Annäherung statt: Die Verteilungsfunktion einer binomialverteilten Zufallsvariablen wird bei wachsendem n immer besser durch die Verteilungsfunktion der standardisierten Zufallsvariablen approximiert.

Für die Approximation der Verteilungsfunktion ist es vorteilhaft, eine kleine Korrektur vorzunehmen, auf die ich aber hier nicht eingehen möchte.

Für praktische Berechnungen genügt es, den Mittelwert $\mu = np$ und die Varianz $\sigma^2 = np(l – p)$ beziehungsweise die Standardabweichung σ zu berechnen, die Standardisierung der Zufallsvariablen vorzunehmen und den Funktionswert aus der Φ-Tabelle abzulesen.

Die Normalverteilung macht komplexe Berechnungen möglich. Stellen Sie sich vor, ein Roulettespieler möchte wissen, wie groß die Wahrscheinlichkeit dafür ist, daß innerhalb eines Abends mit 286 Coups mindestens 125 schwarze Nummern fallen. Die Einzelwahrscheinlichkeit p ist $^{18}/_{37}$, die Gegenwahrscheinlichkeit beträgt $1 – p = {}^{19}/_{37}$, und n ist gleich 286. Somit liefert die Verteilungsfunktion der Binomialverteilung den Ausdruck

$$\sum_{j=125}^{286} \frac{286!}{j!(286-j)!} \left(\frac{18}{37}\right)^j \left(\frac{19}{37}\right)^{286-j}$$

mit über 150 Summanden, wovon jeder einzelne wiederum nur mühsam mit Hilfe von Logarithmen praktisch berechenbar ist: ein Monstrum!

Dagegen erhalten wir mit Hilfe des zentralen Grenzwertsatzes nach ein paar leichten Berechnungen sofort die gesuchte Antwort: 0,9582 oder 95,82 Prozent.

Fragen wir danach, wie groß die Wahrscheinlichkeit dafür ist, daß die relative Häufigkeit der Farbe Schwarz um mindestens 5 Prozent von ihrer theoretischen Wahrscheinlichkeit $18/37$ abweicht, erhalten wir die Antwort dank der Normalverteilung ebenfalls rasch und bequem: 0,091 oder 9,1 Prozent, das heißt: Die Wahrscheinlichkeit dafür, daß bei 286 Coups die relative Häufigkeit des Eintretens schwarzer Nummern um mehr als 5 Prozent von ihrer Wahrscheinlichkeit $18/37$ abweicht, ist also gar nicht so gering. In diesem Fall würde Schwarz weniger als 125mal oder öfters als 153mal erscheinen. (Der interessierte Leser findet diese und zahlreiche weitere durchgerechnete Beispiele in meinem Buch «Roulette – Die Zähmung des Zufalls».)

Gleichgewichtstheoreme, die das Spiel regieren

Leben, Wechselwirkung mit der Umwelt, bedeutet Konflikt. Um Konflikte zu lösen – präventiv oder reagierend –, bedarf es möglichst kluger Entscheidungen. Und jede Entscheidungssituation kann als Spielsituation aufgefaßt werden:

• Die klassischen Optimierungsaufgaben, die *Ein-Personen-Spiele*, erfahren ihren größten Komplexitätsgrad durch eine mehrfache Zielsetzung.
• *Zwei-Personen-Spiele* sind die einfachsten und bisher am meisten analysierten Situationen, in denen Akteure in Wechselwirkung treten.
• Aber auch für *n-Personen-Spiele* mit drei oder mehr Akteuren verfügt man heute über eine Fülle exakter Aussagen. Dabei kann n sehr groß sein, so daß der einzelne Spieler in der Masse untergeht.

Berühmte Gelehrte wie Christiaan Huygens und Gottfried Wilhelm Leibniz schlugen bereits im 17. Jahrhundert vor, menschliche Konflikte im Rahmen einer eigenen Disziplin wissenschaftlich zu untersuchen. Zur Analyse spezieller Situationen bei Konkurrenzverhalten erdachten führende Ökonomen im 19. Jahrhundert einfache mathematische Modelle.

Knobeln, ein einfaches Beispiel

Dieses bekannte Spiel stellt den beiden Spielern A und B die drei Strategiealternativen P (Papier), S (Schere) und St (Stein) zur Wahl. Die möglichen Ergebnisse werden nach den Regeln

- Papier wickelt Stein ein
- Stein macht Schere stumpf
- Schere schneidet Papier

ermittelt und lassen sich für beide Spieler in Form einer sogenannten *Bimatrix*, eines Doppelschemas, darstellen («Bimatrix-Spiel»): Das Ergebnis (1 für Gewinn, –1 für Verlust, 0 für unentschieden) steht in jedem der 3 × 3 = 9 Felder, für Spieler A links unten, für Spieler B rechts oben.

Bimatrix   Spieler B

		P	S	St
	P	0 / 0	1 / −1	−1 / 1
Spieler A	S	−1 / 1	0 / 0	1 / −1
	St	1 / −1	−1 / 1	0 / 0

Beide Einträge in jedem Kästchen ergeben stets die Summe null, weil das, was der eine Spieler gewinnt, vom anderen bezahlt wird. Man nennt solche Spiele *Nullsummenspiele*. Statt einer Bimatrix genügt in diesem Fall eine gewöhnliche Matrix, die die Ergebnisse für einen Spieler auflistet. Die Ergebnisse für den anderen Spieler ergeben sich dann durch bloßen Vorzeichenwechsel. Bei einem Nullsummenspiel spricht man daher auch von einem *Matrixspiel*:

Matrix für Spieler A	Spieler B P	S	St
P	0	−1	1
S	1	0	−1
St	−1	1	0

Matrix für Spieler B	Spieler B P	S	St
P	0	1	−1
S	−1	0	1
St	1	−1	0

Wer mogelt, kann auf die gegnerische Strategie optimal antworten (mit S auf P, St auf S, P auf St) und immer gewinnen. Wird ehrlich blind gespielt, so hat man die Möglichkeit, mittels eines Zufallsmechanismus unabhängig vom Gegenspieler mit je einem Drittel Häufigkeit zwischen P, S und St hin und her zu wechseln, was jeder der neun Kombinationen die gleiche Häufigkeit $1/9$ und somit für beide Spieler das mittlere Resultat $1/9 \times (0 - 1 + 1 + 1 + 0 - 1 - 1 + 1 + 0) = 0$ liefert. Weicht einer der Spieler auf eine andere Häufigkeitsverteilung für P, S und St aus, während sein Gegner bei der Ein-Drittel-Strategie bleibt, so zeigt ein einfaches Durchrechnen, daß er sich nicht verbessern kann. Es herrscht also ein gewisses *Gleichgewicht*. Die Häufigkeiten für P, S und St müssen dabei ≥ 0 sein, und ihre Summe muß 1 betragen. Es ist wichtig, daß der Gegenspieler keinerlei verräterisches «Muster» herausfindet, aus dem er Schlüsse ziehen und die wirkungsvollste Erwiderung wählen könnte. Am besten wird dies dadurch sichergestellt, daß man die Entscheidung selbst offenläßt und sie – gemäß dem Motto: «Unwissenheit ist die beste Methode gegen die Preisgabe von Information» (John von Neumann) – einem Zufallsmechanismus anvertraut. Dieses Prinzip illustrieren die toten Briefkästen der Geheimdienste: Wenn ein Agent seinen Verbindungsmann nicht kennt, kann er ihn auch nicht verraten.

Optimale Strategien – die ersten Beweise

1912 bewies der berühmte deutsche Logiker Ernst Zermelo, der vor allem auch bahnbrechende Fortschritte in der Mengenlehre erzielte, den ersten allgemeinen mathematischen Satz in der Spieltheorie. Bei jedem endlichen Spiel mit *vollständiger Information*, etwa beim Dame- oder Schachspiel, existiert danach eine optimale Lösung mit *reinen Strategien*. (Die Stoppregel, nach der jede Position im Schachspiel höchstens dreimal erlaubt ist, garantiert die Endlichkeit dieses Spiels.) Bei einer reinen Strategie ist kein Zufallszug (wie etwa beim Knobeln) notwendig. Und bei einem Spiel mit vollständiger Information hat jeder Spieler in jedem Stadium des Spiels Kenntnis von allen vorangegangenen Zügen (seinen eigenen und denen der anderen Spieler) sowie allen erlaubten zukünftigen Zugmöglichkeiten. (Eine vollständige Information bedeutet aber nicht, daß die gegnerische *Strategie* bekannt ist!)

Es handelt sich um einen typischen Existenzsatz, der zwar besagt, daß es einen Weg gibt, dieses Spiel optimal zu spielen, aber keinen detaillierten Plan angibt, wie man in einem komplexen Spiel vorgehen muß, um zu gewinnen. (Da beispielsweise beim Schach die Anzahl möglicher Zugfolgen etwa in der Größenordnung 10^{130} liegt, wird man die optimale Strategie praktisch niemals finden.)

Angeregt durch die Untersuchung einiger elementarer Zwei-Personen-Spiele, führte der große französische Mathematiker Émile Borel um 1920 den Begriff der *gemischten* (oder *randomisierten*) Strategie ein, bei der eine Zufallsauswahl von Spielzügen in Betracht kommen kann. 1928 bewies John von Neumann für Zwei-Personen-Nullsummenspiele, daß es stets optimale gemischte Strategien gibt und sich auch ein *Wert* für ein solches Spiel festlegen läßt. Verweilen wir ein bißchen bei diesem wichtigen klassischen Satz der Spieltheorie.

Vorsichtiger Zweckpessimismus oder
Die Weisheit des Minimax-Denkens

Wenn Spieler ihre Strategien richtig mischen, können sie ihre Mindestauszahlung *immer* maximieren oder, was auf dasselbe hinausläuft, den Maximalgewinn eines Opponenten minimieren. Das gilt für alle endlichen Zwei-Personen-Nullsummenspiele. Und die können grundsätzlich als (einfache) Matrixspiele dargestellt werden. Ich möchte hier die üblichen Gesellschaftsspiele mit ihrer unüberschaubaren Strategiemenge vermeiden und wähle eine einfache Matrix mit wenigen Zeilen und Spalten. Das zugehörige Spiel steht als Modell für zahlreiche Spiele. Man kann es sich etwa in folgender Form vorstellen: Jeder der beiden Spieler schreibt eine Zahl, die Nummer seiner Strategie, auf einen Zettel, ohne daß der Gegner Einsicht nehmen kann. Dann wird mittels der bekannten Auszahlungsmatrix von beiden gemeinsam festgestellt, welcher Spieler an den andern eine Zahlung zu leisten hat und wie hoch diese ist. Die angenommene Auszahlungsmatrix für Spieler A ist nachfolgend aufgestellt. Die für Spieler B hat die gleichen Auszahlungselemente, aber mit gegenteiligen Vorzeichen.

Welche Strategie ist sinnvoll? Welches Verhalten ist rational?

	Strategien des Spielers B		
	B1	B2	B3
A1	−1	2	3
Strategien des Spielers A A2	−2	1	1
A3	−2	−3	−1

• Spieler A überlegt: Meine Strategie A1 bringt mir einen Verlust 1 («Gewinn» oder Auszahlung: −1) ein, wenn der Gegner B1 wählt, dagegen einen Gewinn von 2 beziehungsweise 3, wenn er sich für B2 beziehungsweise B3 entscheidet. Meine Strategie ist durch einen Verlust der Höhe 2 bedroht, während nur ein Gewinn 1 in Aussicht steht. Mit der Strategie A3 kann ich gar nichts gewinnen. Es handelt sich nur darum, ob mein Verlust 3, 2 oder 1 beträgt. Für mich ist also die Strategie A1 die beste.

• Spieler B überlegt: Für meinen Gegner bedeutet meine Strategie B1 auf jeden Fall einen Verlust. Dadurch kann ich mir einen Gewinn von 1 oder 2 sichern. Mit der Strategie B2 riskiere ich einen Verlust der Höhe 2, falls der Gegner die Strategie A1 wählt. Entscheide ich mich für B3, so droht gar ein Verlust von 3. Ich kann also nichts Besseres tun, als B1 zu wählen.

Danach schreibt Spieler A auf seinen Zettel A1, Spieler B auf den seinigen B1. Dann stellen beide fest, daß Spieler A verloren hat und an seinen Gegner den Betrag 1 zahlen muß.

Hat Spieler A nachträglich einen Grund, seine Wahl zu bereuen? Nein, denn jede andere hätte ihm noch größeren Verlust zugefügt. Er hat so gut wie möglich gespielt, aber er ist von Anfang an benachteiligt. Das Spiel ist nicht *fair*.

Das Gleichgewicht ist die bestmögliche Lösung

Nun sollen diese Überlegungen eine Spur allgemeiner gehalten werden. Spieler A ist an einem möglichst großen Auszahlungswert interessiert, Spieler B an einem möglichst kleinen – natürlich in der Matrix von Spieler A. Man spricht deshalb vom *Maximum*- beziehungsweise *Minimumspieler*. Jeder Spieler muß mit dem bestmöglichen Verhalten seines Gegners rechnen. In der Matrix kann Spieler A nur über die Zeilennummer entscheiden, über die Spalten verfügt der Gegner.

Durchmustert der Maximumspieler seine Strategien, so wird er in jedem Fall vorsichtshalber den für ihn ungünstigsten Ausgang erwägen. Er bestimmt also in jeder Zeile das Minimum. In der obigen Matrix lauten die Minima: -1, -2, -3. Unter diesen Zeilenminima sucht er den höchsten Wert heraus. Da $-1 > -2 > -3$ ist, beträgt das *Maximum der Zeilenminima* $- 1$. Das ist das Beste, was er vernünftigerweise zu erwarten hat.

Entsprechend schließt der Minimumspieler, nachdem er die jeweils für ihn ungünstigste Entscheidung seines Gegners erwogen hat, daß das Minimum der Spaltenmaxima für ihn der bestmögliche Ausgang ist, da er ja keinesfalls damit rechnen kann, daß Spieler A sich selbst schaden will. Die Spaltenmaxima sind -1, 2 und 3. Ihr Minimum beträgt somit -1.

Beide Spieler kommen also von ihren gegensätzlichen Interessen her zum selben Element der Auszahlungsmatrix, -1, das dem Strategienpaar (A1, B1) entspricht. Welche Besonderheit führt sie dahin?

Dieses Element ist zugleich Maximum in seiner Spalte und Minimum in seiner Zeile. Eine solches Element stellt ein *Gleichgewicht* dar.

Wie etwa das Knobeln zeigt, enthält nicht jede Matrix ein derartiges Gleichgewichtselement. Durch geeignetes *Mischen der Strategien* gelangen die Spieler dennoch zu einem Gleichgewicht. In ähnlicher Weise wird auch ein Pokerspieler zu einer optimalen gemischten Strategie finden, wenn er seine Aktionen «Passen» und «Bluffen» (irreführen beziehungsweise *verkehrt* signalisieren: zum Beispiel hoch bieten bei schwachem Blatt) klug bestimmt und abwechselt.

Wenn die Spieler ihre Strategien richtig mischen, gibt es somit stets einen oder mehrere Gleichgewichte mit gleichen Matrixelementen. Die Zahl, die dabei an jedem Gleichgewichtspunkt als Matrixelement auftritt, wird definitionsgemäß als *Wert des Spiels* festgelegt und mit v (*value*) bezeichnet. Durch rationales Verhalten (vernünftige Strategiewahl) kann sich Spieler A unabhängig davon, was Spieler B tut, den Gewinn v sichern. Ebenso kann Spieler B durch vernünftiges Verhalten verhindern, daß er einen größeren Verlust als v erleidet, unabhängig davon, was Spieler A tut. Verhalten sich beide Spieler in diesem Sinne rational, so beträgt die Auszahlung genau v. Dies führt zu drei Fällen:

1. v > 0 bedeutet, daß Spieler A gewinnt, Spieler B verliert;
2. v < 0 bedeutet einen negativen Gewinn, das heißt einen Verlust für Spieler A und einen Gewinn für Spieler B (wie in unserem obigen Beispiel, wo v = −1 ist);
3. v = 0 bedeutet, daß keine Auszahlungen erfolgen.

Dann ist klar, was man unter einer *optimalen Strategie* versteht: Es ist eine Strategie, die einem Spieler mindestens einen Gewinn des Betrags v sichert beziehungsweise einen höheren Verlust als v verhindert. Ist der Wert v = 0, so wird das Spiel als *fair* bezeichnet.

Das *Minimax*-Denken bewertet jede Strategie nach ihrem schlechtestmöglichen Ergebnis, nimmt also an, daß der andere den schmerzhaftesten Gegenzug findet. Für den vorsichtigen Zweckpessimismus, mit dem Schlimmsten zu rechnen, spricht viel. Vor allem gesteht diese Einstellung dem Gegner eine mindestens ebenbürtige Intelligenz zu. Die Unterschätzung des Gegners hat schon zu zahllosen Niederlagen geführt. (Das Minimax-Prinzip ist die offizielle Entscheidungsdoktrin der US-Streitkräfte: sich bei der Wahl einer

Strategie in erster Linie nicht nach den Absichten des Feindes, sondern nach dessen Kapazitäten zu richten – nach dem Schlimmsten, was der Gegner tun könnte, und nicht danach, was er am ehesten tun wird.)

Das Gleichgewichtstheorem für Baumspiele

Für die Darstellung von Spielen können Modelle herangezogen werden, die die Züge deutlich zum Vorschein bringen, zum Beispiel das *Baummodell*.

In der Anfangssituation, symbolisiert durch einen Punkt, wird jede mögliche Wahl durch eine von ihm ausgehende Strecke ausgedrückt. Beim Schach zum Beispiel hat Weiß zwanzig Wahlmöglichkeiten, das Spiel zu eröffnen. Nachdem die Entscheidung für irgendeine von ihnen gefallen ist, kommt der nächste Spieler an die Reihe, der wiederum vor einer Anzahl von Möglichkeiten steht. Sie werden ebenfalls durch Strecken veranschaulicht. An jeder Verzweigungsstelle steht die Nummer des Spielers, der in der entsprechenden Situation am Zug ist. Durch jede Wahl wird ein Schritt auf einen Endzustand hin getan, der eine *Partie als einen Streckenzug* eindeutig kennzeichnet. Wegen der offensichtlichen Analogie wird ein solches mathematisches Gebilde als *Baum(graph)* bezeichnet.

Ein Spiel hat so viele Partien, wie sein Baum Endpunkte besitzt. «Spielende» bedeutet Ankunft an einer Baumspitze. Die Ergebniszahlen (Auszahlungen, *pay-offs*) für die Spieler stehen dort dann untereinander. Folgende Baumdarstellung zeigt ein (fiktives) Drei-Personen-Spiel mit acht Partien.

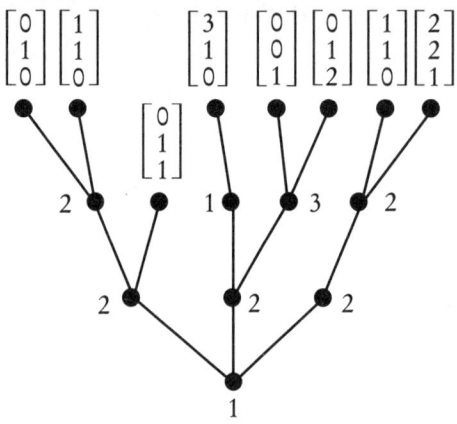

Es sollte eigentlich klar sein, was man unter einem *Baumspiel für n Spieler* zu verstehen hat. Wir gehen davon aus, daß jeder Spieler die Strategien seiner n – 1 Mitspieler im Laufe der Partie erfährt. Dann kann er seine eigenen möglichen Strategien daraufhin durchmustern, ob sie ihm eine Verbesserung seiner Auszahlung liefern, falls die n – 1 Mitspieler an ihren zunächst gewählten Strategien festhalten. Ist das Ergebnis negativ, so hat unser Spieler keinen Grund, seine Strategie zu ändern. Kommen alle n Spieler (jeder für sich) zu diesem Ergebnis, herrscht *Gleichgewicht*. Gibt es das immer? Ja: 1950 bewies der Amerikaner Harold W. Kuhn das «Gleichgewichtstheorem für Baumspiele». Demnach besitzt jedes Baumspiel mindestens ein Gleichgewicht.

Dieser Satz ist, mathematisch gesehen, kombinatorischer Natur: Man operiert nur mit endlich vielen Möglichkeiten. Der Beweis gelingt mit Hilfe des Beweisverfahrens der vollständigen Induktion nach der Höhe N des Baumwipfels. Die mit dem Begriff Baumspiel verbundene Vorschrift, sowohl alle Schritte als auch alle Strategiemöglichkeiten müßten bekannt sein (Spiel mit vollständiger Information), ist für die Gültigkeit des Kuhnschen Gleichgewichtssatzes entscheidend. Dagegen können im Laufe des Spiels durchaus Zufallszüge vorkommen: entweder durch das zufällige Mischen reiner Strategien der Spieler oder aber im Rahmen der Spielregeln selbst, zum Beispiel durch Würfeln («Mensch ärgere dich nicht») oder durch die zufällige Zuteilung von Spielkarten wie etwa beim *Black Jack*, der amerikanischen Version von «Siebzehn und vier».

Black Jack ist nämlich ein durchaus interessantes Casinospiel. Sein Wert – die mathematische Erwartung bei Befolgung der optimalen Strategie – variiert in Abhängigkeit von den gebotenen Spielregeln leicht, liegt aber im Bereich zwischen $-0{,}0070$ und $-0{,}0083$ (zwischen $-0{,}70$ und $-0{,}83$ Prozent) und kommt einem fairen Spiel sehr nahe, jedenfalls näher als die anderen Casinospiele – klassisch gespielt. (Bei Monka / Tiede / Voß 1999 finden Sie eine allgemeinverständliche Einführung zum Black Jack. Als klassisches Standardwerk ist Cordonnier 1997 zu empfehlen.)

Das Gleichgewichtstheorem für nichtkooperative Spiele

Bei vielen Bimatrixspielen gibt es keine Gleichgewichtssituation. So sagen uns zum Beispiel die Pfeile in der Bimatrix des Nullsummenspiels «Knobeln», wie sich das Spiel im Kreise drehen würde, wenn die Spieler abwechselnd darüber nachdächten, wie sie auf die gerade vorliegende Strategie des Gegners am besten antworten:

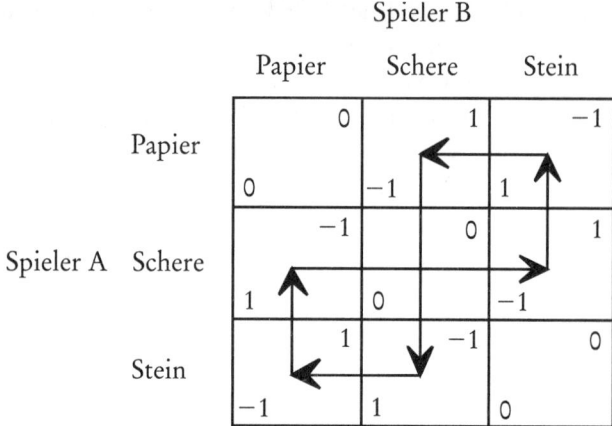

Allerdings haben wir beim Knobeln gesehen, daß die Spieler ein Gleichgewicht herstellen können, wenn sie ihre drei Strategien (Papier, Schere, Stein) *statistisch* mit Häufigkeiten von jeweils $1/3$ und unabhängig voneinander spielen. In diesem Fall hat dann keiner der beiden Spieler mehr einen Grund, von seiner *gemischten Strategie* ($1/3$, $1/3$, $1/3$) abzugehen. Neben ($1/3$, $1/3$, $1/3$) gibt es unendlich viele *gemischte Erweiterungen* der drei reinen Strategien, nämlich alle (p, q, r) mit p, q, r $\geq$ 0 und p + q + r = 1.

Die Verallgemeinerung dieses speziellen Sachverhalts auf den Fall von n Spielern, wobei jeder eine endliche Anzahl von Strategien zur Verfügung hat, führt zu einem Existenzsatz für einen Gleichgewichtspunkt: In jedem solchen *n-Personen-Spiel* gibt es mindestens einen Gleichgewichtspunkt aus *gemischten* Strategien. Das ist das *Gleichgewichtstheorem von Nash für nichtkooperative n-Personen-Spiele* (1950/51). Dieser Gleichgewichtssatz ist allgemeiner als der für Baumspiele. Mathematisch gesehen ist letzterer *kombinatorischer* Natur, während der allgemeinere *topologischer* Natur ist: Zu seinem

Beweis benötigt er den (Brouwerschen) Fixpunktsatz (siehe den Abschnitt «Die Macht der Stetigkeit: Fixpunktsätze»). Die Gleichgewichtspunkte müssen dabei nicht den gleichen Wert haben. Und das Adjektiv «nichtkooperativ» besagt lediglich, daß keine Kooperation zwischen den Spielern vorgesehen ist.

Dieses Gleichgewichtstheorem ist der Kern von John Nashs Arbeiten über nichtkooperative Spiele, für die er – zusammen mit John Harsanyi und Reinhard Selten – 1994 den Nobelpreis für Ökonomie erhielt. (Auf die Bedeutung der Arbeiten von Harsanyi und Selten gehe ich in «Abenteuer Mathematik» ein. Dort findet der interessierte Leser auch ausführliche Darstellungen zum «Chicken Game» sowie zum «Gefangenendilemma», das, als wiederholtes Spiel, zur Kooperation führen kann.)

Gleichgewichtstheoreme der mathematischen Ökonomie haben eine lange Tradition. Einige spezielle Varianten sind als Tauschgleichgewicht, Produktionsgleichgewicht, Expansionsgleichgewicht und Oligopolgleichgewicht (Oligopol: Beherrschung des Marktes durch wenige große Unternehmen) bekannt geworden. Die Existenz eines jeden solchen Gleichgewichts ist durch mathematische Sätze garantiert – allerdings unter oft idealisierten, wirklichkeitsfernen Voraussetzungen. Wie nicht anders zu erwarten, gibt es gerade deshalb auch auf diesem Gebiet noch zahlreiche ungelöste Probleme.

Jede Menge weiterer schöner Sätze

Zur Auswahl der schönsten mathematischen Sätze machte «The Mathematical Intelligencer» 24 Vorschläge. Die Umfrage brachte die Top Ten hervor, die ich im Einführungskapitel aufgelistet hatte. Nachfolgend noch ein paar dieser Vorschläge, die nicht unter die Top Ten kamen und auf deren Details ich nicht eingehe, die aber der Leser gut verstehen wird:

Satz: Die Ordnung einer Untergruppe teilt die Ordnung der Gruppe.

Dieser Satz schaffte es gerade nicht mehr auf das Treppchen, landete also neben den Top Ten auf Platz 11. (Den Gruppenbegriff habe ich ausführlich in «Abenteuer Mathematik» erläutert; die Ordnung einer Gruppe ist nichts anderes als die Anzahl ihrer Elemente.)

Satz:

$$\frac{1}{2 \times 3 \times 4} - \frac{1}{4 \times 5 \times 6} + \frac{1}{6 \times 7 \times 8} - \dots = \frac{\pi - 3}{4}$$

Diese π-Formel, die durchaus als schön angesehen werden kann, kam auf Platz 14. (Es gab eben eine noch schönere π-Formel, die Platz 5 eroberte.)

Satz: Jede Zahl größer als 77 ist die Summe natürlicher Zahlen, deren Kehrwerte die Summe 1 ergeben.

Ein etwas merkwürdiger zahlentheoretischer Satz, der auf Platz 17 landete.

Satz: Auf jeder Party gibt es zwei Teilnehmer, die gleich viele anwesende Freunde haben.

Dieser sehr anschauliche Satz, der beim Schönheitswettbewerb den 20. Platz belegte, kann durch «vollständige Induktion nach der Anzahl der Teilnehmer» bewiesen werden. (Bei zwei oder drei Teilnehmern ist der konkrete Nachweis offenbar trivial, vorausgesetzt natürlich, daß «Befreundetsein» als *symmetrische* Relation gilt: Ist A mit B befreundet, in Zeichen A ~ B, dann soll auch gelten, daß B mit A befreundet ist, B ~ A. Eine Relation, die *nicht* symmetrisch ist, ist zum Beispiel die Ordnungsrelation «kleiner als»: A < B und B < A schließen sich aus.)

Sehen wir uns nun den Satz an, der auf den letzten, 24. Platz kam:

$$\frac{5\left((1-x^5)(1-x^{10})(1-x^{15})\ldots\right)^5}{\left((1-x)(1-x^2)(1-x^3)(1-x^4)\ldots\right)^6}$$
$$= p(4) + p(9)x + p(14)x^2 + \ldots,$$

wobei p(n) die «Partitionsanzahl» der natürlichen Zahl n bezeichnet.

Die «Partitionsanzahl» p(n) von n ist nichts anderes als die Anzahl der Darstellungen von n als Summe beliebiger natürlicher Zahlen ohne Berücksichtigung der Anordnung der Summanden. Aber selbst wer das weiß (und nicht gerade auf diesem Gebiet forscht), der mag die Stirn runzeln und sich fragen: Das soll schön sein? Jedenfalls mag sich die Schönheit dieses Satzes nicht jedem sofort erschließen. So

143

erging es auch den Lesern des «Mathematical Intelligencer», die diesen Satz als Schlußlicht wählten, womit wieder bestätigt wäre, daß man über Geschmack nicht streiten sollte.

Natürlich ist die Sätzeauswahl in diesem Buch ebenfalls Geschmacksache. Dennoch habe ich mich einerseits an die «offizielle» Top Ten gehalten (wovon ich die meisten Sätze ebenfalls als schön empfinde). Andererseits aber habe ich (aus meiner Sicht) schöne Sätze aufgenommen, die tiefergreifende Einblicke in verschiedene mathematische Gebiete ermöglichen: den Fundamentalsatz der Algebra, Fermats letzten Satz, Sätze über Cantors Unendlichkeiten, Sätze und Gesetze, die den Zufall regieren – insbesondere den zentralen Grenzwertsatz –, und Gleichgewichtstheoreme, die das Herz der Spieltheorie ausmachen.

Dennoch fehlen unzählige höchst schöne Repräsentanten: aus der Theorie der Differentialgleichungen und der Funktionentheorie zum Beispiel oder die Klassifikation der Zöpfe in der Knotentheorie oder Ordnungsbetrachtungen in der Ramsey-Theorie und noch unzählige mehr. Welche Auswahl man auch immer trifft, sie wird stets unvollständig bleiben, weil Mathematik ein unendliches Spiel ist.

Vielleicht wäre es aufschlußreich, auch einmal die «häßlichsten» Sätze einem Wettbewerb zu unterwerfen – oder die skurrilsten, zumindest aber die merkwürdigsten.

Aber Spaß beiseite: Da scheint es doch sinnvoller, in ein paar Jahrzehnten die Befragung nach den dann schönsten Sätzen wieder neu aufzulegen. Ein paar alte werden aus den Top Ten verschwinden, neue werden hinzukommen. Ich riskiere aber die Prognose, daß ein Satz wie

$$e^{i\pi} + 1 = 0$$

immer noch unter den schönsten sein wird, weil er für alle Zeiten ein ästhetischer Bestandteil der menschlichen Kultur ist.

Elementarteilchen oder Galaxien, Erdbeben, Vulkane oder Lawinen, Evolution oder Ökonomie, Gene, Gehirn oder die Seele, Algorithmen, Roulette oder Pi: es spielt schließlich keine Rolle, womit man sich befaßt. Die Erforschung jedes dieser Dinge ist wie die Erforschung des gesamten Universums.

Literaturhinweise

Aigner, M./Ziegler, G. M.: Proofs from The Book. Berlin/Heidelberg/New York 1998

Baptist, P.: Pythagoras und kein Ende? Leipzig 1997

Basieux, P.: Abenteuer Mathematik: Brücken zwischen Wirklichkeit und Fiktion. Reinbek 1999

Basieux, P.: Die Welt als Roulette: Denken in Erwartungen. Reinbek 1995

Basieux, P.: Roulette – Die Zähmung des Zufalls. München 1996 (4. Aufl.)

Basieux, P.: Faszination Roulette – Phänomene und Fallstudien. München 1999

Beutelspacher, A.: «In Mathe war ich immer schlecht ...» Braunschweig/Wiesbaden 1996

Beutelspacher, A.: Luftschlösser und Hirngespinste. Braunschweig/Wiesbaden 1986

Beutelspacher, A./Petri, B.: Der Goldene Schnitt. Heidelberg/Berlin/Oxford 1996 (2., überarb. und erw. Aufl.)

Blatner, D.: The Joy of π. New York 1998 (*Deutsch*: Pi – eine unendliche Geschichte. Reinbek 2000)

Blum, W.: Die Grammatik der Logik: Einführung in die Mathematik. München 1999

Cordonnier, C.: Black Jack – Spiel und Strategie. München 1997 (3. Aufl.)

Davis, P. J./Hersh, R.: Erfahrung Mathematik. Basel 1994

Kanigel, R.: Der das Unendliche kannte – Das Leben des genialen Mathematikers Srinivasa Ramanujan. Braunschweig/Wiesbaden 1995 (2. Aufl.)

Kropp, G.: Geschichte der Mathematik. Wiesbaden 1994

Lang, S.: Faszination Mathematik: Ein Wissenschaftler stellt sich der Öffentlichkeit. Braunschweig/Wiesbaden 1989

Meschkowski, H.: Mathematik verständlich dargestellt. Wiesbaden 1997

Monka, M./Tiede, M./Voß, W.: Gewinnen mit Wahrscheinlichkeit: Statistik für Glücksritter. Reinbek 1999

Singh, S.: Fermats letzter Satz. München 1998

Sossinsky, A.: Nœud. Genèse d'une théorie mathématique. Paris 1999 (*Deutsch:* Mathematik der Knoten: Wie eine Theorie entsteht. Reinbek 2000)

Taschner, R.: Das Unendliche. Berlin/Heidelberg 1995

Wells, D.: Which is the Most Beautiful? In: *The Mathematical Intelligencer* 4/10 (30–31) 1988

Wells, D.: Are These the Most Beautiful? In: *The Mathematical Intelligencer* 3/12 (37–41) 1990

Register

149

Pierre Basieux

Die Welt als Roulette

Denken in Erwartungen

science sachbuch

ro
ro
ro

Pierre Basieux
Die Welt als Roulette
Denken in Erwartungen
(rororo sachbuch 19707)

Sie planen einen Casino-Coup – ohne krumme Tricks, ver-
steht sich. Was sollten sie beachten? Nichts, weil ohnehin
alles nur Zufall ist? – Weit gefehlt! Es gibt beim Roulette
Erkenntnisse über Abweichungen vom reinen Zufall, und
einige von ihnen konnten zu wissenschaftlich fundierten
Methoden mit positiver Gewinnerwartung ausgebaut wer-
den.
Aber das gilt nicht nur für den Spieltisch, sondern auch für die
Welt und das tägliche Leben – der Zufall läßt sich zähmen.
Dazu ist neben dem Denken in Wahrscheinlichkeiten das
Denken in Erwartungen notwendig, das die Probabilistik
umfaßt und ergänzt.

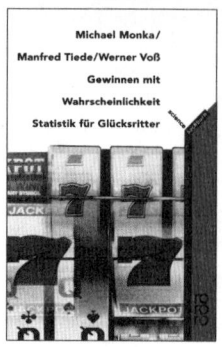

Ausflüge in die Welt der Gehirn- und Bewußtseinsforschung:

Francis Crick
Was die Seele wirklich ist *Die naturwissenschaftliche Erforschung des Bewußtseins*
(rororo science 60257)
«Sie, Ihre Freuden und Leiden, Ihre Erinnerungen, Ihre Ziele, Ihr Sinn für Ihre eigene Identität und Willensfreiheit – bei alledem handelt es sich in Wirklichkeit nur um das Verhalten einer riesigen Ansammlung von Nervenzellen und dazugehörigen Molekülen.» *Francis Crick*

Detlef B. Linke
Hirnverpflanzung *Die erste Unsterblichkeit auf Erden*
(rororo science 60135)

Alexander R. Lurija
Das Gehirn in Aktion *Einführung in die Neuropsychologie*
(rororo science 19322)
Der Mann, dessen Welt in Scherben ging *Zwei neurologische Geschichten*
(rororo science 19380)

Gabi Miketta
Netzwerk Mensch *Den Verbindungen von Körper und Seele auf der Spur*
(rororo science 19662)

William Poundstone
Im Labyrinth des Denkens *Wenn Logik nicht weiterkommt: Paradoxien, Zwickmühlen und die Hinfälligkeit unseres Denkens*
(rororo science 19745)

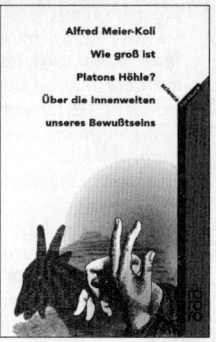

Alfred Meier-Koll
Wie groß ist Platons Höhle *Über die Innenwelten unseres Buwußtseins*
(rororo science 60823 / April 2000)

Tor Nørretranders
Spüre die Welt *Die Wissenschaft des Bewußtseins*
(rororo science 60251)

Ulrich Schnabel / Andreas Sentker
Wie kommt die Welt in den Kopf? *Reise durch die Werkstätten der Bewußseinsforscher*
(rororo science 60256)

Weitere Informationen in er **Rowohlt Revue**, kostenlos im Buchhandel, oder im **Internet:** **www.rowohlt.de**

Kenneth Blanchard / John P. Carlos / Alan Rudolph
Management durch Empowerment *Das neue Führungskonzept: Mitarbeiter bringen mehr, wenn sie mehr dürfen*
128 Seiten. Gebunden

Kenneth Blanchard / William Oncken / Hal Burrows
Der Minuten-Manager und der Klammer-Affe *Wie man lernt, sich nicht zuviel aufzuhalsen*
128 Seiten. Gebunden

Kenneth Blanchard / Spencer Johnson
Der Minuten-Manager
128 Seiten. Gebunden

Kenneth Blanchard / Sheldon Bowles
Wie man Kunden begeistert *Der Dienst am Kunden als A und O des Erfolges*
128 Seiten. Gebunden

Spencer Johnson
Eine Minute für mich
128 Seiten. Gebunden

Kenneth Blanchard / Patricia und Drea Zigarmi
Der Minuten-Manager: Führungsstile *Wirkungsvolles Management durch situationsbezogene Menschenführung*
(rororo sachbuch 19934)

René Bosewitz / Robert Kleinschroth
Manage in English *Business English rund um die Firma*
(rororo sprachen 60137)
Better than the Boss *Business English fürs Büro*
(rororo sprachen 60138)

Sell Like Hell *Business English für Verkaufsgespräche*
(rororo sprachen 60722 / Buch mit Audio-CD 60723 / Toncassette 60724)
Master Your Business Phrases *Sprachmodule für den Geschäftsalltag*
(rororo sachbuch 60725)
Get Through at Meetings *Business English für Konferenzen und Präsentationen*
(rororo sprachen 60262 / Buch mit Audio-CD 60265 / Toncassette 60266)
Let's go International *Business English rund um die Welt*
(rororo sprachen 60267 / Buch mit Audio-CD 60504 / Toncassette 60505)

Bryan Hemming
Business English from A to Z *Wörter und Wendungen für alle Situationen*
(rororo sprachen 60269)

Weitere Informationen in der **Rowohlt Revue**, kostenlos im Buchhandel, oder im **Internet: www.rowohlt.de**

Fähigkeiten aktivieren,
Strategien verfolgen,
Lösungen finden: mit den
hilfreichen Ratgebern für
den Berufsalltag von *rororo*.

Klaus Pawlowski /
Hans Riebensahm
Konstruktiv Gespräche führen
*Fähigkeiten aktivieren,
Ziele verfolgen, Lösungen
finden*
(rororo sachbuch 60396)
Das Leben wird angenehmer
und die Arbeit erfolgreicher,
wenn wir in Gesprächen den
richtigen Ton treffen, Bot-
schaften zu verstehen wissen,
angemessen darauf reagieren
können und faire Lösungen
in Sach- und Beziehungs-
fragen finden. Dieser Rat-
geber zeigt, wie wir unsere
Fähigkeiten zum Gespräch
entwickeln können.

Rotraut und Walter U.
Michelmann
Effizient und schneller lesen
*Mehr Know-how für Zeit-
und Informationsgewinn*
(rororo sachbuch 60330)

Connie B. Glaser /
Barbara S. Smalley
Erfolgsfaktor Selbstbewußtsein
*Wie Frauen im Beruf
überzeugend auftreten*
(rororo sachbuch 60399)
Selbstbewußtes Auftreten ist
für den beruflichen Erfolg
entscheidend. Die Karriere-
beraterinnen Connie Glaser
und Barbara Smalley zeigen,
wie Frauen sich durch ge-
konnte Sprech- und Verhal-
tensweisen Respekt und
Anerkennung verschaffen.

Gisa Briese-Neumann
Professionell telefonieren
(rororo sachbuch 60485)

Riaz Khadem /
Robert Lorber
Das Memo-Management *Erfolg
durch richtige Infor-
mationsarbeit*
(rororo sachbuch 60562)

Ulla Dick
Erfolgreicher Berufsstart *Was
Frauen über die Spielregeln
am Arbeitsplatz wissen
müssen*
(rororo sachbuch 60766)

Iris Oltmann
Projektmanagement
*Zielorientiert denken,
erfolgreich
zusammenarbeiten*
(rororo sachbuch 60763)

Weitere Informationen in der
Rowohlt Revue, kostenlos in
Ihrer Buchhandlung, und im
Internet: www.rowohlt.de

Ein «Jahrhundertgenie wie Albert Einstein» *(Der Spiegel)*, ein Wissenschaftler, der der Weltformel auf der Spur ist, ein Mann, der entgegen allen Prognosen der Ärzte seit zwanzig Jahren mit einer unheilbaren tödlichen Nervenerkrankung lebt, kurz ein Mythos – **Stephen W. Hawking**, 1942 geboren, Physiker und Mathematiker an der Universität Cambridge, seit 1979 Nachfolger Newtons auf dem berühmten «Lukasischen Lehrstuhl» und der wohl bekannteste Wissenschaftler unserer Zeit.

Eine kurze Geschichte der Zeit
Die Suche nach der Urkraft
Deutsch von Hainer Kober.
Mit einer Einleitung von Carl Sagan
224 Seiten. Gebunden und als rororo science 60555
Der Bestseller, der Hawking weltberühmt machte. «Eine rasante Geisterbahnfahrt durch das Labyrinth kosmologischer Denkmodelle.» *Der Spiegel*

Stephen W. Hawking (Hg.)
Stephen Hawkings Kurze Geschichte der Zeit
Ein Wissenschaftler und sein Werk
Deutsch von Hainer Kober.
Mit Illustrationen von Ted Bafaloukos
224 Seiten mit zahlreichen Abbildungen. Gebunden und unter dem Titel **Stephen Hawkings Welt** als rororo science 19961

Die illustrierte Kurze Geschichte der Zeit *Aktualisierte und erweiterte Ausgabe*
Deutsch von Hainer Kober
248 Seiten. Gebunden
Der Klassiker der modernen Astrophysik, auf den aktuellen Erkenntnisstand gebracht, mit einem neuen Kapitel über Wurmlöcher und Zeitreisen, vielen Fotos und über 150 Farbillustrationen.

Einsteins Traum *Expeditionen an die Grenzen der Raumzeit*
(rororo science 60132)

Über Stephen Hawking:

Michael White / John Gribbin
Stephen Hawking
Die Biographie
(rororo science 19992)

Rowohlt im Internet:
www.rowohlt.de